미래를 개척하는 여성 공학인들의 도전과 열정 이야기

꿈꿀 수 있다면 도전하라

(사)한국여성공학기술인협회 펴냄

상상미디어
SANG_SANG MEDIA

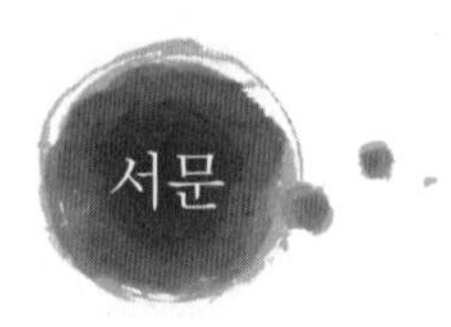

편견에 맞서며 역경을 이겨내고 꿈을 이룬

여성공학인들의 진솔한 告白

꿈은 이루어진다고 했습니다. 그러나 그 꿈은 저절로 이루어지지 않고 도전하는 사람에게만 찾아옵니다.

「꿈꿀 수 있다면 도전하라」는 꿈을 꾸며 그 꿈을 향해 도전하고 노력한 17명 여성공학인들이 공학도의 길을 걸으며 현재 위치에 오르기까지의 진솔한 삶의 고백을 담고 있습니다. 다른 사람이 가지 않은 미지의 길을 개척하고 여성이라는 편견을 극복하고 보란 듯이 자기 분야에서 정상의 위치에 오른 그들의 성공스토리를 싣고 있습니다.

구조디자이너라는 새 영역을 개척한 건축가와 금녀의 구역이라 불리던 건설 현장에서 건설안전을 책임지고 교육하는 기술사를 비롯하여 미 항공우주센터에서 화성탐사 로봇을 보낼 프로젝트를 준비 중인 수석책임연구원에 이르기까지 공학 분야의 다양한 직업군에서 일하고 있는 공학인들의 생생한 현장이야기가 실감나게 녹아있습니다.

세상을 변화시키고 미래를 현실로 앞당기며 국내 여성공학인의 새 지평을 만들고 해외에까지 나아가 자신만의 영역을 개척해 한국여성공학인의 위상을 공고히 한 여성공학인들의 남다른 열정과 도전은 우리들에게 희망을 이야기합니다. 용기를 북돋워줍니다. 그들은 외칩니다. "꿈꿀 수 있다면 도전하라!"고.

공학을 전공하고 먼저 앞서서 길을 걷고 있는 선배공학인으로서의 경험과 조언은 그 길을 따라 걷는 후배 여성공학인들이 성장하는데 자양분이 되어줄 거라 기대합니다. 이과로의 진로 선택을 앞두고 미래를 고민하는 예비 여성공학도들에게는 인생 항로를 정하는데 있어서 작은 보탬이 되리라 짐작합니다.

나아질 줄 모르는 경기 침체와 이공계 기피현상 속에서도 섬세함과 지혜, 당당함으로 무장한 여성공학인들의 활동 영역은 더욱 확장되고 있는 추세입니다. 보폭을 넓히며 활발한 활동을 펼치는 가운데 남성들과 어깨를 겨루며 성과를 이루고 인정도 받고 있습니다.

앞으로 공학계의 주축으로서 세상을 바꾸고 세계를 이끌어가는 역량 있는 여성공학인들이 더 많이 배출되었으면 하는 바람입니다. 그러한 염원과 취지로 기획출간된 이 책이 여성공학인의 성장에 밑거름이 되길 소망해봅니다.

「꿈꿀 수 있다면 도전하라」 출간을 위해 바쁜 중에도 원고 집필에 기꺼이 응해주신 열일곱 분의 여성공학인 저자들과 아낌없는 지원을 해주신 산업통상자원부 관계자 분들께 감사를 드립니다. 책을 멋지게 만들어주신 도서출판 상상미디어에도 고마움을 전합니다. 저자 발굴과 원고 취합을 위해 고생한 한국여성공학기술인협회 사무국 직원들에게도 감사와 격려의 박수를 보냅니다.

그리고 지금 이 순간에도 꿈을 꾸며 도전을 준비하는 모든 여성공학인들에게 힘찬 응원을 보내며 앞으로의 멋진 활약을 기대하며 응원하겠습니다.

2015년 11월

한국여성공학기술인협회 회장 송정희

차례

3 패기 · · · 꿈을 이루다

4 모험 · · · 세계로 나가다

이 주 나

해결사, 건축에서 구조디자인을 찾다

조 민 수

상상하는 대로 꿈꾸는 대로

남 민 지

조금 돌아가도 괜찮아, 내가 가야할 길이라면

이 화 순

내 안에 잠재된 1%를 깨어 희망의 날개를 펼쳐라

도전 · · ·

세상을 변화시키다 1

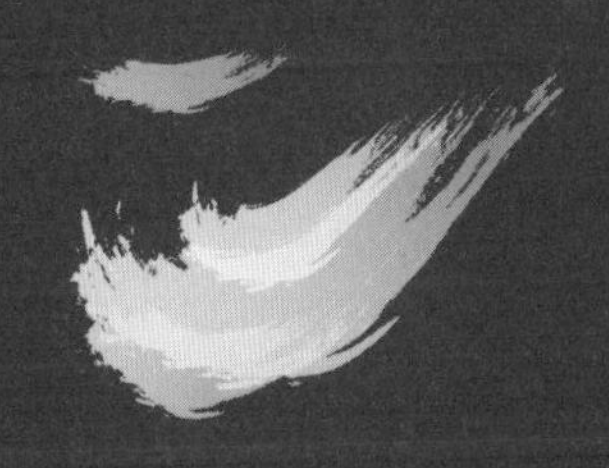

해결사,
건축에서 구조디자인을 찾다

이주나
Lee, Juna

서울시립대학교 건축학부 객원교수 / 구조 · 인 · 디자인 연구소 소장

건축사와 건축구조학 공학박사 경력을 통해 건축디자인에 구조를 접목시키는 구조디자이너. 충북대학교 건축공학과에서 학사 · 석사 · 박사학위를 받았고, 일본의 구조디자이너 사이토마사오 교수에게 사사하였다.「건축 공간 구조이야기」,「건축과 구조」,「BIM으로 구조디자인하기」의 저자이며, 한국공간구조학회, 교육시설학회, 도코모모코리아 이사, 중앙건설기술심의의원, 대한건축학회, 여성건축가협회 회원으로 활동하고 있다.

해결사가 되고 싶었다.

나는 공학인, 기술자다. 그리고 공교롭게도 여성이다. 그래서 여성공학인이라는 이슈를 다루게 되었다면, 이야기는 단연 공학이 무엇이기에 내가 이 일을 하고 있는 것인가에서부터 출발해야 옳겠다.

내가 대학에서 강조하여 가르치듯이, 공학은 문제해결의 학문이다. 무엇인가를 만들어낸다고 하는 공학의 본분은 따지고 보면 '문제해결'의 과정이라는 의미이다. 뭐든, 만들어야하는 물건이 생겨났다는 것은 그 목적과 의도가 생겼다는 것이다. 다시 말해 그 물건이 없으면 문제라는 얘기로 바꿔 말할 수 있다. 예를 들면 우리의 공학적 산물 핸드폰을 생각해 보자. 핸드폰이 없던 시절도 있었다. 그때 어떤 사람들한테는 이동 중에 개인이 연락을 주고받을 수 있는 물건이 없는 게 문제였다. 이 문제를 해결하기 위해 수많은 기술자들이 노력을 했고, 그 문제는 현재 해결되어 우리한테 주어져 있다.

어떤 공학적 문제는 너무나 명백해서 누구나 인지하는 것인데 아직까지 해결이 미미한 것도 있고, 어떤 공학적 문제는 해결책이 나타나기 전까지 일반인들이 인식조차 하지 못하는 창의적 목표인 것도 있다. 어느 쪽이든, 그 물건을 만듦으로써 그 문제를 해결하는 것이 공학의 과정인 것이다. 따라서 문제해결에 등장하는 그 '문제'는 우리의 일상전반에서 작동하는 요구이고 보다 나은 인류를 위한 새로운 목표라고 바꿔 말할 수 있다. 뭔가를 만들어서 지금 그것이 없어서 괴로웠던 문제를 해결하고 새로운 목표를 이뤄낸다! 이건 너무 멋지다, 해결사가 아닌가! 나는 그런 무언가를 만드는 해결사가 되고 싶어 공학의 길을 선택했다.

공학분야에서 해결사의 역할은 끝도 없이 요구된다. 인류 공학의 숙제는 어느 분야이든, 뭘 만드는 것이든, 기존의 그렇고 그런 것을 만족스럽게 여기지 않는 것에 있기 때문이다. 현재의 대단히 훌륭한 공학적 산물도 여전히 어떠한 점에서는 문제가 있다. 예를 들어 아까 이야기 했던 핸드폰 이야기를 다시 해보자. 요즈음도 6개월이면 멀다하고 신모델이 쏟아지고 있지 않은가.

이전에는 화면이 터치가 안 되는 것이 문제였는데, 최근에는 엣지에 화면이 안 보이는 것이 문제이다(심지어 우리는 제품이 나오기 전까지 엣지에 화면이 보이면 뭐가 좋아지는지도 미처 몰랐다). 그 문제가 해결된 새 제품이 나오면 우리는 재빨리 문제가 해결된 제품으로 갈아탄다. 문제를 해결하고 나면 또 다른 문제가, 아니 또 다른 목표가 생겨난다. 끝도 없이 이어지는 프로페셔널들의 무대가 이어지는 것이다.

티비를 틀기만 하면 쏟아지는 광고들을 봐도 그렇다. 어느 하나 공학적 산물이 아닌 것이 없는데, 이전의 것과 다를 것이 없다고 말하는 물건을 우리가 원한 적이 있는가. 나의 일본 지도교수도 그의 책에서 말했다. 꿀벌이나 개미도 인간과 똑같이 집을 짓는 무한한 건설본능을 가지고 있지만, 오직 인간만이 지을 때마다 다른 모양의 다른 기능의 집을 원한다라고...어찌보면 무한경쟁속으로 인류를 밀어 넣는, 반드시 좋은 것이라고 볼 수도 없다고 가끔은 생각하지만, 여튼 이 공학적 사고는 인간의 본성이고, 따라서 공학인으로 살아간다는 것은 인간으로 살아간다는 것의 가장 극점에 서있는 것이라고 나는 믿고 있다.

다시 말해 지극히 인간적이고 인간적인 직업에 내가 종사하고 있다는 주장이다.

내가 해결하고 싶었던 문제들_구조디자인

주위 사람들의 말대로 서양화가인 아버지의 영향인지는 모르겠지만, 나는 어려서부터 예술이나 미술이 좋았다. 마치 어린 내 눈에 능력자같이 보이는 엔지니어의 길을 선택하면서도 건축공학에는 무언가 예술에 대한 취향이 도움이 될 것 같다는 막연한 기대가 있었기 때문에 부모님의 걱정을 팽개치고 건축공학과로 대학을 진학했다.(부모님은 내가 조신하게 가정학과를 졸업하고 좋은 혼처로 시집가서 편안히 살길 바라셨는데, 나는 그분들의 바램이 대단히 지혜로왔다는 것에도 격렬히 동의한다.)

다행히 전공은 적성에 맞았고, 매 수업은 상당히 흥미로웠다. 특히, 건축물은 인간이 그 안에 들어가 살고 그 공간과 형태에 감동하므로 마땅히 인간적인 규모와 느낌을 중시하긴 하지만, 최종적으로 만들어내는 건물은 손에 잡히지 않는, 사람보다 크고 감당하기 어려운 물건을 기술적으로 만들어내는 것이라는 점이 유치하게도 대단히 자부심으로 느껴졌다.

아마 지금의 나의 전공, 건축디자인 중에서도 힘과 관계된 것을 다루는 구조디자인에 몰두하고 있는 것이 이런 나의 성향에서 비롯되었나보다 싶다. 여튼, 전공에 대한 남다른 자부심으로 무장된 나는 대부분의 건축과의 학생들이 그러하듯이 뛰어난 건축디자이너가 되고 싶었고, 내가 디자인한 많은 건물을 자식들처럼 남기고 싶다는 꿈을 꾸었다. 어떻게 하면 본적이 없던 아름답고 새로운 기능으로 놀라운 느낌을 주는 건축물을 지을까 하는 생각을 하며 주로 시간을 보냈다. 그런 상상을 하며 손에 연필을 들고 있을 때는 늘 행복했고 시간 가는 줄을 몰랐다.

졸업을 하고는 그 꿈을 현실적으로 실현하고자 설계사무실에 입사해서 나는 진짜 집을 지을 수 있는 기술을 익히는 데 몰두했다. 아이디어를 제시해 집주인들을 설득하고, 도면을 그리고 현장을 다니며, 내가 건축에서 더 많은 문제를 해결할 수 있고 지금보다 더 좋은 건축을 만들어 낼 수 있다는 것을 보여주려 애썼다. 나는 그것을 디자인이라고 생각했다.

그런데, 몇 년후 건축업계의 일상이 익숙해질 무렵에 나는 자연스럽게 알게 되었다. 내가 하려고 하는 건축디자인은 그림이나 가구디자인, 혹은 책상위에 있는 제품들의 디자인과는 달랐다. 당연히 여러 부분에서 많은 차이가 있겠지만, 본질적으로 건축을 만들어내는 재료는 너무 크고 무게가 있고, 바람이나 지진같은 무서운 힘과도 싸워야 하는 물건이라서 내 맘대로 할 수 없었다.

학교에서는 미처 그런 힘에 대한 공부를 중요하게 생각하지 않았고(실은 배우긴 많이 배웠었다. 예술적으로 판단되는 건축물에 이런 문제가 깊이 관여할 거라고 생각하지 못했기 때문에 나는 심각한 곤란 지경에 빠졌다. 나는 건축물의 힘의 원리를 알지 못하고서는 내가 이 물건을 내 뜻대로 만든다는 것이 불가능하다는 자괴감이 들기 시작했던 것이다. 때마침 설계사무실에서 야근을 이어가며 태어난 지 얼마 안 된 아이를 키우는 것도 버거웠다. 그래서 나는 디자인에 필요한 구조원리를 간단히(!) 공부하려 구조전공의 대학원에 진학했다.

애를 키워가며 기본이 안 되어 있는 구조공부를 한다는 것도 쉬운 일은 아니었다. 그러나 그보다 더욱 곤란한 것은 대학원에만 가면 '디자인에 활용할 수 있는 구조'라는 밥상이 차려져 있을 것이라고 생각한 나의 무지함이 문제였다. 구조공학 안에는 디자인에 대한 아이디어가 전혀 없었다. 대부분의 사람들이 건축디자인에 왜 구조가 필요한 지를 오히려 궁금해 했고, 내가 구조공부를 하려는 것에 의아해 했다.

지금도 크게 다르지 않은 건축계에서는 구조를 필두로 하는 공학분야와 디자인분야는 철저하게 다른 영역으로 읽혀지고 있고 이 두 분야는 참 대화가 안 된다(현재는 학과자체가 분리되어서 더욱 심화되었다). 이 두 분야 모두에 관심을 가지고 있거나 기술을 가지고 있는 전문가 또한 극히 드물다. 그러니, 당시에 나는 대학원에서는 기본기가 거의 없는 구조공학도였고 디자인분야에서는 애 키우다가 지쳐 그만두고 이상한 공부를 시작한 사람이었다.

내가 남들에게 어떻게 보이는 지는 문제가 아니었다. 그보다 원하는 걸 공부할 수 없었다는 게 문제였다. 하는 수 없이 구조의 기본부터 해보는 수밖에 없었다. 나는 대학원에서 건축디자인은 잊어버리고 구조공학에 필요한 기초이론부터 공부하기 시작했다. 아주 멀고 늦은 출발이었다.

보편적인 건축구조공학 전공자들처럼 다를 것 없는 구조공학 공부를 마치고 석사학위를 받고 난 후, 나는 건물의 구조설계에 관한 기본적인 수준을 이해할 수 있었고 일반적인 건축물의 구조문제들을 해결할 수 있었다. 그때서야 현장에서 내가 하려던 디자인을 사사건건 태클걸고 나서던 구조기술자들의 입장을 이해할 수 있었고, 내가 힘으로부터 자유로울 수 없는 건축물을 디자인하고 있기 때문에 오히려 '힘'을 이용하여 디자인하는 것이 마땅하다는 생각을 절실히 하게 되었다. 그리고 힘을 이용하는 디자인이 차별화된 건축물을 만들어내는 데 경쟁력있는 디자인 기술이 될 수 있다는 것을 깨달았고, 이 기술은 특별한 어떤 것이 아니라 건축계에서 하나의 디자인 이론으로 당당하게 자리잡아야 한다고 믿게 되었다. 나는 이때부터 몇몇 관련 연구자들의 아이디어를 빌어 이것을 '구조디자인'이라고 불렀다.

문제가 여기서 끝나는 것은 아니었다. 무언가 이 분야로 가시적인 일을 하려면 이론도 정립해야하고 실제 다양한 구조디자인을 가능하게 하는 실무적 기술도 있어야 했다. 더구나 앞서나간 외국 디자이너들의 기술들은 따라잡기가 불가능할 정도로 현란하게 발전하고 있었다.

나는 다시 공부가 필요하다고 생각하고 국내외 교육기관을 찾았지만, 건축디자인과 구조를 접목시킨 체계적인 연구와 교육프로그램을 가지고 있는 학교는 찾을 수가 없었다. 일부 선진기술을 가진 나라에서 양 분야에 기량이 뛰어난 기술자들이 간간히 있었지만, 그들 역시 체계적으로 교육프로그램을 제공할 수는 없다는 답변이었다.

생각해보니 나는 특별히 탁월한 능력이 있는 것도 아니고, 대단히 훌륭한 사람이 되겠다는 의지가 있는 것도 아니었다. 그저 알고 싶은 것을 조금 더 알면 그만이었다. 그리고 알게 된 것으로 조금 더 나은 건물을 지어가면서 아이를 키우며 늙어 가면 그로써 충분했다. 그래서 고향에서 아이를 키우면서 박사과정에 진학했고, 내 나름의 구조디자인 연구를 진행하였다. 어쩌다보니 떠밀리듯 유학을 꿈꾸기도 했고 뭔가 크게 성과를 내지 않으면 안 될 것 같은 마음에 시달리기도 했지만, 이미 박사과정 입학 자체가 그저 보다 조금 나은 집을 지을 수 있는 엔지니어로 살겠다고 생각하던 나에게는 넘치는 일이었다.

실제로 건축사도 취득하며 건축디자인 실무에 소망했던 일은 구조디자인 연구를 진행하면서 오히려 점차 멀어져갔다. 나는 주로 연구활동에 집중하면서, 기초이론부터 출발해 몇 편의 논문을 발표했고, 구조디자인 분야로 박사학위를 받았다. 그 과정도 순탄치는 않았다. 워낙 완고하게 나뉘어 있던 건축구조와 디자인 두 분야 사이에 위치를 찾는 작업이다 보니, 학회에 논문을 제출했을 때는 논문내용 이전에 분리된 논문분야 중 어디에 넣어야 할지 몰라서 반려되는 해프닝도 있었고, 심사교수님들의 이해를 받는 것도 쉽지 않았다. 그러나 나는 개인의 연구 외에도 여러 잡지나 학회에 구조디자인 분야를 알리는 글을 기고하고 관련 연구자들과 공동연구를 계획하는 알리기 작업을 계속하였다. 작은 성과도 간간히 있어서 재단으로부터 박사과정 연구비를 지원받기도 하였고, 주변 여러 대학에서 구조를 새로운 시각으로 바라보는 나의 강의를 중요하게 인정해주기 시작하였다.

그러나 나는 박사학위 이후에는 정말 벽에 닿은 느낌이었다. 논문이나 학위가 목적인 적이 없었다. 그보다, 구조기술을 활용해 건축디자인에서 새로운 해결을 제공하고자 했던 나의 꿈은 내 일상과 닿아있는 가장 기초적인 소원이었다. 그러나 학교에서 연구과정으로 디자인실무로부터 멀어져 있었고, 아직 현실에서 구조가 디자인에 역할이 있을 것이라고 알아서 기대해주는 업계는 없었다.

더 큰 문제는 나 스스로 독자적으로 이 문제를 이론이 하닌 현실에서 해결하기에는 충분한 실무기술을 가지고 있지 못하다는 것이었다. 학위자체가 나에게 주는 위로는 없었다. 그래서 나는 구조디자인의 불모지인 한국을 떠나 외국에서 보다 현실적인 기술대안을 습득할 수 있는 연구자를 찾았다. 구조기술을 디자인에 접목시킨 훌륭한 사례를 찾되, 그저 일회성으로 끝난 작품이 아니라 지속적인 연구와 발전을 통해 작업을 해나가고 있는 연구자의 작품을 중심으로 찾아 그 연구자들의 연구작업과 내 관심의 교차부분을 확인해나갔다. 미국, 영국, 독일 세계어디든 가서 다양한 작품을 보고 연구자들을 만났다. 박사학위 전후로 몇 년에 걸친 탐색 끝에 나는 일본의 어느 조그만 지하철역사를 발견했고 나와 같은 꿈을 꾸며 실제 일본 건축계에서 구조디자인의 영역을 이끌고 있는 니혼대학의 사이토 마사오 교수를 우연히 만났다.

니혼대학 후나바시 캠퍼스 지하철역사
내가 사이토마사오교수를 만날 수 있는 계기가 되었던 작품.
인장구조시스템을 이용해 구조체를 경량으로 만들고 개방적인 인상의 내부공간을 만들었다. 일본건축학회 수상작품.

지금도 사이토 교수와 만나면 그때의 이야기를 자주 즐겨 꺼내곤 하는데, 그때의 운 좋았던 사건 이후, 나는 일본의 사이토 교수 연구실에서 박사후연수를 하며 일반적인 구조시스템을 넘어 케이블이나 강봉, 막재 등 인장재를 구조에 활용한 다양한 구조방식의 설계과정을 경험하고 연구시야를 확장할 수 있는 기회를 얻었을 수 있었다. 그때 사이토 교수님은 당시 초등학교 고학년이던 나의 아들과 캐치볼을 하시며 놀아주시기도 하셨지만, 교수님 부부 모두 사실 애까지 데리고 공부하겠다고 외국에 나오는 극성스런 한국여자를 이해할 수 없다는 농담도 곧잘 하셨다.

일본에서 돌아온 이후 나는 구조디자인에 관한 문제를 보다 적극적으로 다루고 싶어졌다. 할 수 있는 일도 좀 늘어나기도 했고 정말 이것이 우리의 건축디자인 안에서 어떻게 가능할 것인가 궁금하기도 했다. 그러나 현실에서는 구조디자이너라는 해결사가 필요한 것 같지 않았다. 업계에서는 아직 구조디자인이 문제거리가 아닌 것 같았다. 다시 말하면 구조를 디자인에서 적극적으로 고려했을 때 얼마나 디자인이 합리적으로 될 수 있고 얼마나 영향력을 가진 디자인을 할 수 있는지 모르는 것 같았다. 구조디자인은 여전히 건축디자인에서 요구되는 새로운 목표가 아니었고, 내가 해결할 수 있는 기술은 아직 가치가 없었던 것이다.

그래서 나는 구조디자인 분야가 실제로 가치를 가지고 있다는 것을 소소한 일에서부터 나 스스로도 경험해보고 증명해나가기로 했다. '구조 · 인 · 디자인 연구소'라는 걸 만들었다. 그리고 연구재단에 연구과제를 신청해 모교에 연구교수로 재직했다. 시제품을 만들 수 있는 크고 작은 연구과제를 신청해 실제 구조디자인이 적용된 모델하우스를 만들어 발표하기도 했다. 그러자 운이 좋게도 관심을 가진 디자이너들과 함께 소소한 구조디자인 설계도 실현할 수 있었다.

연구를 통해 실현했던 인장구조를 활용한 들림형 보구조 가설건축물과 막구조 캐노피

그리고 학교에서는 다양한 교육실험과 연구를 통해 구조디자인 이론 체계화를 실천해 나갔다. 구조디자인 이론에 대한 연구는 지금도 이어지고 있지만, 그즈음 가장 기본이 되는 자료를 정리하여 기초이론서로 '건축과 구조'라는 책을 발간했다. 이 책은 현재도 강의자료로 활용되며 3쇄가 출간되었다.

모교에서 연구교수가 종료된 후에는 현재의 대학으로 자리를 옮겨 '공학설계'라는 교육과정을 강의하고 있다. 교육과정에서도 공학전공에서 배우는 기술이 건축설계에 어떻게 관계하는지, 건축물을 고안해내는 과정에 기술이 어떻게 기여하고 시너지 효과를 발휘할 수 있는지를 이슈로 다룬다. 어떻게 기술을 가지고 설계를 하면 좋을지도 문제고, 이러한 과정을 어떻게 하면 제대로 교육할 수 있을까도 문제다. 교육과정도 매학기가 도전이고 매학기 우리는 하나하나 문제해결의 노하우를 배워간다. 아직도 끝나지 않은 이 문제해결의 과정에 우리 학생들은 대단한 흥미를 가지고 매학기 전력을 다해 참여한다.

문제는 지치지도 않고 속출한다

대학을 졸업하고 23년이 지났으니 앞의 이야기는 대략 20여 년 동안의 이야기다. 나는 여전히 운이 좋게도 계속해서 문제에 봉착한다. 구조디자이너로서 걸어가는 길에서 이 작업의 중요성을 알아주는 많은 사람들을 만나게 되었고, 구조·인·디자인 연구소는 좀 더 다양한 일거리를 만날 수 있었다. 일은 간단하지 않고 언제나 새롭게 해결해야할 문제를 만들어내지만 그럴수록 새로운 건축디자인이 생겨난다.

요즈음은 연구소 운영에 대한 산업적 가치창출도 문젯거리로 자리잡았다. 아이디어 창출과정이나 설계과정의 도구적인 문제에 대한 나의 고민도 깊어진다. 최근에는 보다 빠르고 능동적으로 디자인과 결합되는 구조를 만들어 내기 위해 BIM이라는 설계도구 활용에 대한 연구에 전념하기도 하였다. 도구의 개발 덕부에 좋아지고 편리해진 것이 있는 만큼 여기에 따른 해결해야 하는 문제도 태산같이 따라온다. 더 좋은 구조시스템은 없을까, 쉽게 열리고 닫히거나 필요할 때 쉽게 꺼내세울 수 있는 구조는 없을까, 남들보다 더 가볍고 가늘고 투명한 재료로 힘을 전달할 방법은 없는 것일까...문제는 끝도 없이 이어진다.

내가 능력자라서, 어쩌면 다른 이에게는 간단할 수도 있는 이 모든 문제를 손쉽게 척척 해결할 수 있었으면 좋겠다. 하지만 난 그렇지 못했다. 지나온 시간 동안에도 아이를 키우며 가정을 병행하고, 넉넉치 않은 경제적 상황을 어떻게든 이어가야하는 것도 자유로울 수 없는 어려움이었다. 그리고 현재도 어떠한 결말이나 보상이 기대되는 것도 아니다. 더욱이 내가 문제를 올바르게 해결하고 있는 것인지도, 이것을 목표로 달려가고 있는 것이 옳은 것이지도 확실하게 자신할 수 있는 것도 아니다. 정답을 알고 있을 리 없지 않은가! 그렇지만 나는 그저 내 길을 간다. 나는 내 능력껏 건축디자인에서 구조를 쓸 수 있게 하는 해결사다.

니혼대 공간구조디자인 연구실에서 사이토 마사오 교수와 함께

원래 각 나라마다 관심자가 별로 없는 터라, 이 구조디자이너의 막막한 처지를 알고 계신 일본의 사이토 교수가 그분의 경험을 토대로 나에게 이런 말씀을 해주셨다. '그저 하고 싶은 일을 묵묵히 해라. 나 혼자 하고 있다고 생각하겠지만 누군가는 반드시 그 길을 보고 있는 사람이 있다. 네가 하는 일이 소용에 닿는 때가 반드시 온다.' 과거를 돌이켜봤을 때 나는 이 이야기를 믿는다. 아니, 실은 나의 노력보다 훨씬 많은 요행과 주변의 이해와 도움이 나의 과정을 이끌었다고 생각하고 있다. 무엇이든 하고 싶은 일을 집중해서 꺼내놓으면 정말 많은 사람들이 그 일을 이해해주고 전심으로 도와주는 일을 마다하지 않았다. 그래서 나는 나의 지난 시간들이 신기하고 진정 감사하게 느껴진다. 그리고 앞으로의 시간에 용기를 낸다.

직업은, 전문분야라는 것은, 자기 자신이 제일 좋아하는 일이다. 공학을 시작했다면 그건 문제 삼기를 좋아하는 것이고, 새로운 목표에 흥분하는 사람이라는 뜻이다. 그리고 공학을 공부했다면 그 문제에 해결능력을 얻게 되었다는 의미가 된다. 그렇다면 그 해결능력이 남다른 경쟁력있는 해결사가 되고 싶어진다. 그러다 보면 만들고 싶은 대상에 몰두하고 사랑하지 않을 수 없다. 사랑에 빠진 사람들은 (괴로운 일도 만만치 않으나 대체로) 행복하다. 그것이 공학인이다.

사람들 중에는 얻을 수 있는 결과를 충분히 알고 시작하거나 그 일을 했을 때의 효율을 생각해서 그 길을 가거나 그만두는 사람들도 있지만, 경우에 따라서는 그 길을 가보지 않고는 견디지 못하는 사람들도 있다. 그런 사람들에게 공학적 문제들은 참으로 좋은 그럴듯한 여행의 핑계다. 어쩐지 지금의 공학적 산물로는 만족할 수 없고 궁금해서 견딜 수가 없기 때문에 무언가 자꾸 새 길로 나가보는 것이다.

그렇게 할 수 밖에 없어서 하는데, 여자인 것이 도대체 무슨 상관이겠는가!

조민수
Joh, Minsu

연세대학교 대기과학과를 졸업하고 동 대학원에서 석사, 박사 학위를 받았다. 1996년시스템공학연구소 슈퍼컴퓨팅센터에서 근무를 시작하여 20여 년간 우리나라 국가슈퍼컴퓨팅사업에 지속적으로 참여해 왔다. 2002년에는 슈퍼컴응용실장으로 슈퍼컴 3호기 도입실무 책임을 맡았으며, 2013~2014년에는 슈퍼컴서비스센터장으로 슈퍼컴 4호기 서비스를 총괄 했다. 현재 한국과학기술정보연구원에서 재난대응 HPC연구센터장으로 재직하고 있다.

지금의 나를 만들어 준 글

If you can imagine it, you can achieve it.

If you can dream it, you can become it.

1998년, 미국에서 방문연구원으로 지내던 어느 날, 학교 건물 복도를 지나는데 벽에 붙여 있던 포스터의 글이 눈에 들어왔다. 앞으로 무엇을 하며 어떻게 살아야 할지 막막하여 고민하고 있던 내게, 무지개 그림을 배경으로 쓰여 있던 두 줄의 글은 '그래, 이루고 싶은 것을 그려보면 되는 거야. 어떤 사람이 될지 생각해 보면 되는 거야'라는 희망을 주었고 지금의 나를 만드는 데 디딤돌이 되어 주었다.

내가 그 글을 통해서 깨달음을 얻고 마음을 다잡았던 것처럼 다른 사람들도 그러길 바라는 뜻에서, 내가 만드는 모든 발표 자료의 마지막 슬라이드에는 '감사하다'란 인사말 대신 이 글로 항상 끝맺음하고 있다.

돌이켜 보면, 나는 어린 시절부터 늘 머릿속으로 무언가를 생각하고 있었으며, 어떤 사람이 될지 그려보는 일을 멈추지 않았던 것 같다. 초등학교 3학년 무렵, 세계 최초의 북극 탐험가 난센과 남극 탐험가 아문젠의 전기를 읽고 나서는, 나도 미지의 세계를 탐험하는 사람이 되겠다고 꿈꾸었으며, 4학년 때 퀴리부인을 알게 되면서는 과학자가 되어야겠다고 생각했고, 5학년 때 등화관제라는 방공훈련 덕분에 보게된 밤하늘 은하수의 멋진 광경에 매료되고부터는 천문학자가 되기로 마음먹었다. 중학교 3년, 고등학교 3년, 6년 동안 학생기록부 장래희망 란에는 항상 천문학자라고 적혀 있었고 그 꿈을 이루기 위해 나름대로 열심히 공부를 했다. 하지만 고등학교 3학년 당시 서울대와 연세대에만 있었던 천문학과에 들어가기에는 내 성적이 여전히 많이 부족하다는 것을 알게 되었다. 구경이라도 해보자는 생각에 여름방학에 시간을 내서 연세대 천문기상학과를 찾아가 학교와 강의실을 둘러보았다. 그리고 학교 정문을 통과하여 강의실에서 공부하는 모습을 상상하면서 남은 고3 기간 동안 공부에 매달렸다. 그 결과 들어가기 어려워 보였던 학교에 합격할 수 있었다. 불가능한 일이 가능할 수 있었던 건 나의 학문적 실력이 우수해서가 아니라 한 가지 목표를 일관되게 유지하고 또 그것을 이루기 위해 최선을 다했기에 주어졌던 행운이라고 생각한다.

행운 = 기회 + 준비

"당신은 행운이 무엇이라고 생각해?" 어느 날 남편이 내게 물었다. 그러면서 힌트를 주기를 정답은 두 개의 합으로 구성되었다고 했다. 나는 단번에 정답을 정확히 맞혔다. 언제부터인지는 모르겠지만, 누구에게나 기회는 주어지는데, 행운은 기회를 잡을 준비를 하고 있는 사람에게 주어진다는 생각을 하고 '예측 가능한 일은 미리 준비해둔다 '주의자였던 나에게 남편의 질문에 답하는 것은 쉬웠다.

살아오면서 가장 큰 행운은, 국가연구개발 영역에서 비슷한 역할을 하는 동료과학자이면서 끝까지 나의 보호자가 되기 위해 나보다 한 달 늦게 죽을 것이라고 약속해 준 남편을 30년 전에 만난 일이다. 대학 2학년 때 한번 보고 나서, 4학년 때 다시 만나지 못 했다면, 지금의 나의 삶은 참 많이 달라져 있을 것이다. 그래서 둘 다 준비가 되어 있지 않았던 때, 계속 만나지 않고 결혼을 해야겠다는 생각을 하던 때에 다시 만나는 기회가 주어져서 이 큰 행운을 잡을 수 있었다고 생각한다.

고등학교 시절에 두 분의 미혼인 선생님께서는 나를 딸처럼 동생처럼 생각해 주셨다. 내가 남들보다 일찍 결혼을 해야겠다고 생각을 하게 된 것은 화려한(?) 싱글로 사시던 두 분의 선생님 덕분이다. 가까이서 지켜 본 두 분의 삶이 겉보기에는 화려했지만, 혼자 산다는 것이 스스로에게 매우 엄격해야 하고 혼자서 모든 것을 해결해야 하는 힘든 삶이라는 것을 두 분을 통해 일찍 깨닫게 되었다. 부모님께서는 선생님들 따라 결혼하지 않을까봐 걱정을 많이 하셨지만 나는 반대로 결혼은 꼭 해야겠다는 마음을먹었고 잘한 결정이라는 생각에 변함이 없다.

남들은 공부 마치고 결혼을 하는데, 나는 결혼하고 대학원에 입학하였다. 대학에서 부전공으로 교직을 이수하면서 선생님이 되고 싶었지만 사립학교 졸업생으로 바로 선생님이 될 기회는 없었다. 그래서 선생님이 되는 대신에 교과서를 만드는 회사에 취직하였고 교육대학원에 다니게 되었다. 그러던 중 내 운명이 바뀌는 일이 일어났다. 2학기 수강신청을 위해 학교에 갔다가 학부시절 교수님들께 들러 인사를 하면서였다.

그때 우리 학번 담당교수님이셨던 김정우 교수님께서 교육대학원이 4학기 남았고 본 대학원도 4학기이니 들어와서 공부해 볼 생각이 없냐는 뜻밖의 제안을 하셨다. 사실 그 당시 나는 선생님이 되어 학생들을 가르치기에는 학문적으로 부족함이 많다고 느끼고 있었고 교육대학원의 강의로는 내가 기대하는 만큼의 지식을 얻는 것이 어렵다고 생각하고 있던 때였다. 그 제안이 곧 입학을 확정하는 것은 아니었지만, 그것이 내게 주어진 기회라고 생각하고 그날로 미련 없이 교육대학원 수강신청을 포기하였다. 그리고 다니던 회사에도 사표를 제출했다.

입사하던 해에 교과서 개정이 있어서 3월에 입사하면서부터 거의 1년을 야근하며 보냈지만 교과서 출판이 완료되어 3~4년간은 편안하게 직장생활을 할 수 있는 시점에 회사를 그만두었다. 대학원 합격한 뒤에 그만 둬도 괜찮다고 하셨지만, 회사에 출근하여 해야 할 일도 많지 않았고 내가 그만둔다고 업무에 지장을 초래하는 것도 아닌 시기여서 다행이라 생각했다.

결혼 날짜를 먼저 정하고 난 뒤에 대학원에 진학하겠다는 결정을 하는 바람에,

결혼 2주후에 입학시험을 치러야 했음에도 불구하고 운 좋게 바로 합격하였다. 결혼하고 대학원에 입학한 첫 여학생이 되었다. 다른 과에서는 여학생보다는 남학생을 더 선호하고 결혼한 학생보다는 미혼인 학생이 대부분이었던 시절이었지만, 남녀 차별하지 않고 결혼이 공부에 방해된다고 보지 않으셨던 대기과학과 교수님들 덕분이었다. 김정우, 이승만, 조희구, 이태영 교수님. 네 분 교수님으로부터 배울 수 있었던 것도 내게 주어진 또 하나의 행운이었다.

아버지의 일기장

내가 중학생일 적에, 내 나이쯤에 쓰신 아버지의 일기장을 우연히 읽은 적이 있다. 내가 그 일기장을 읽은 것을 아버지는 돌아가실 때까지 모르셨지만, 지금의 내가 있기까지, 아버지의 일기장은 내 삶에 큰 영향을 미쳤다. 나는 지금도 그 내용을 생생하게 기억하고 있다. 집안의 장남으로 일찍 돌아가신 할아버지를 대신하여 아버지가 가장으로 역할을 하던 때의 일기다.

당시 낮에는 약방에서 심부름을 하고 저녁에는 학교에 다녔던 때인데, 약방 주인이 '너는 성실하고 일을 잘하니, 나중에 어른이 되면 이 약방을 이어받아 하면 좋겠다'라고 이야기 해준 것에 대한 아버지의 생각을 적은 것이다. 어찌 보면 최고의 칭찬이었을 수도 있는데 아버지는 반대로 자신의 꿈은 그보다 더 큰데, 평범한 약방 주인이 되라는 것에 대해서 실망하는 내용이었다. 아버지의 꿈을 이루기 위해 더욱 노력할 것이라는 다짐도 들어 있었다.

6·25전쟁이 일어나기 전의 일이었는데, 그 일기를 쓰시고 나서 얼마 지나지 않아 학도병으로 참전하셨다. 전쟁 중에 두 개의 화랑무공훈장을 받으셨고, 지금은 대전 현충원에 계신다.

아버지는 말수가 많지는 않으셨지만, 책을 많이 읽어야 한다는 이야기는 자주 하셨다. 어렸을 적 기억이 많이 나지는 않지만, 어느 날 우리들을 앉혀 놓고, 다른 사람 집에 가서 비싼 물건이 있는 것은 부럽지 않은데, 책이 많은 집에 가면 부럽다는 말씀을 하신 것을 지금도 선연하게 기억한다. 그래서 공부하겠다는 데에는 전폭적으로 지원을 해 주셨고, 딸들에게 공부 많이 시키면 결혼하기 어렵다는 친척 어르신들의 반대에도 불구하고 대학원까지 마칠 수 있도록 해 주셨다. 1남 4녀 중, 피아니스트를 꿈꾸던 언니를 제외하고 모두 대학원에 보내 주셨고, 둘째인 나와 셋째 딸은 박사학위까지 마칠 수 있도록 물질적으로뿐만 아니라 정신적으로도 아낌없이 지원을 해주셨다. 뒤늦게 박사과정에 들어간 막내딸의 졸업식까지 보셨으면 더욱 기뻐하셨을 텐데... 아버지가 하늘에서 지켜봐 주시리라 믿는다.

딸은 아버지를 닮는다고 하는데, 네 딸 중에서 내가 가장 많이 아버지 모습을 닮았다. 그래서였을까, 나에게 만큼은 모든 면에서 후하셨다. 10분 거리도 안 되는 작은아버지 댁에서조차 자는 것을 허락하지 않으셨던 아버지였지만, 대학에 입학한 후, 방학 때에는 거의 집에 있지 않고, 가끔 짐 바꿔 싸기 위해서만 집에 돌아오는 생활을 하는 데에도 무조건적으로 믿고 허락해 주셨다.

당시 내가 하던 일은, 고교 은사님 소개로 시작한 청소년연맹이란 단체에 소속된 초 · 중 · 고등학생들이 병영 체험이나 야영생활 체험을 위해 군부대 또는 캠핑장에 갈 적에 보조교사로 참여하는 일이었다. 그 덕분에 여러 군부대에서 지냈으며, 책을 통한 공부보다는 현장체험을 할 수 있었다. 여러 사람들과 함께 어울려서 일할 수 있는 기반이 마련된 건 그때의 경험 덕분이라고 생각한다. 그리고 그때 만난 후배 덕분에 남편도 만나게 되었다. 후배가 시누이가 되었다.

아버지가 살아 계시면 여쭙고 싶은 것이 있다. 내게 기대하시는 일이 무엇이신지. 너무나 갑자기 쓰러지셔서, 아무런 말씀도 남기지 못하고 가셔서 미처 여쭙지 못한 것이 한으로 남는다. 내가 미국에서 1년간 있을 적에, 불의의 사고로 오빠가 돌아가셨다. 안부전화를 드릴 때면 아버지는 집안에 아무 일도 없다고 안심시키셨지만, 예정된 기간을 마치고 귀국하던 공항에서 오빠의 부고를 들었다. 행여, 내가 미국에서 공부하는 데에 지장을 줄까봐 모든 식구들에게 비밀로 하라고 하셨단다. 스위스에 있던 동생에게는 알리셨으면서도… 아버지는 내가 더욱 열심히 살아야 한다는 숙제만 남겨 주고 가셨다. 언젠가 다시 만나리라 믿으며, 그때 꼭 여쭐 것이다. 그래서 내 마지막 꿈은 아버지가 계신 대전 현충원에 묻히는 것이다.

한 가지에 집중하라

서울 출장을 가면 꼭 들리는 곳이 서점이다. 요즘은 온라인으로 서적을 구매하는 사람이 많아서 오프라인 매장이 점점 줄어들고 있어서 안타깝다. 왜냐하면, 나는 여전히 오프라인 서점에서 책을 직접 보고 고르는 것을 더 좋아하기 때문이다. 내가 생각하는 오프라인 서점의 장점은 짧은 시간에 많은 책을 둘러 볼 수 있다는 것과 목적하지 않았지만 좋은 책을 우연히 발견할 기회가 많다는 것이다.

2014년 10월 27일. 그날도 서점에 들렀다가 하얀 표지에 검고 굵은 활자체로 쓰여 있는 책 제목 아래에 작은 글씨로 쓰여 있는 '복잡한 세상을 이기는 단순함의 힘 – 한 가지에 집중하라!'라는 글에 마음이 꽂혀서 'THE ONE THING'이란 책을 샀다. '가장 힘든 길을 가려면 한 번에 한 발씩만 내딛으면 된다. 단, 계속해서 발을 움직여야 한다'는 중국 속담을 시작으로 쓰여진 글을 읽어가면서, 한 가지에 집중하는 것이 얼마나 큰 힘을 발휘할 수 있는지를 깨닫게 되었다.

최근에 한 인터뷰에서 '당신의 성공 비결은 무엇입니까?'라는 질문을 받은 적이 있다. 성공의 기준이 무엇이고, 내게 그런 질문을 한 사람은 나의 어떤 면을 보고 성공했다고 생각하는지 모르겠지만, 내가 하고자 했던 일들을 이루어가는 과정을 성공이라고 본다면, 나는 성공한 사람이 맞다. 그리고 그 비결은 'THE ONE

THING'에서 작가가 이야기한 대로 한 가지에 집중한 것이다. 어떤 일을 해야겠다고 마음먹으면 나 스스로 세운 목표를 달성할 때까지 시간이 얼마가 걸리든 어떠한 어려움이 따르든 끝까지 해야 직성이 풀리는 성격이다.

힘들면 적당히 중간에 타협할 줄도 알아야 하는데 그렇지 못해서 보는 이들로부터 미련하다는 소리도 많이 들었지만 그래도 편법보다는 정도를 걸으려고 노력했고 앞으로도 그럴 것이다. 결과만을 본 사람들은 잘 모르겠지만, 내가 하고 있는 일들은 오랜 시간 꾸준하게 하고 있는 일들이 많다. 어떤 일은 10년 걸려 이룬 일도 있고, 10년이 지났지만 아직도 끝내지 못해 진행 중인 일도 있다. 조바심 내지 않고, 인내하는 것이 최고의 비결이라 생각한다. 우리 집 가훈이 참을 忍이었던 것도, 내가 인내심을 발휘하는 데 도움이 되었던 것 같다. 내가 쉽게 화를 낸다고 '욱순이'라는 별명을 지어주고 놀리는 남편은 동의하지 않겠지만, 공적인 일에서 만큼은 내 인내심은 강하다.

건강한 신체에 건강한 정신

내가 다닌 초등학교는 체육특기 학교였는데 체육복을 입고 학교에 다니도록 했을 만큼 정말 체육활동이 많았다. 배구, 농구, 축구, 피구 등 공을 가지고 하는 운동을 참 많이 했다. 지금도 기억에 선명한 것은, '건강한 신체에 건강한 정신'이라고 큰 글씨로 쓰여 있던 글이다. 운동장에서 친구들과 함께 노는 것을 좋아해서, 밤늦게까지 선생님 몰래 학교에 남아서 놀았던 기억, 체구는 작았어도 운동신경이 좋은 덕분에 4, 5, 6학년 3년 내내 체육우수자로 선정되었던 기억, 체조선수 후보로 뽑혀서 선배들과 며칠 함께 연습했던 기억이 있다. 항상 나이에 비해 체력이 강했던 이유는 초등학교 시절에 다양한 운동을 통하여 기초체력을 잘 다져 둔 덕분이다.

이런 나에게도 건강상 고비가 한 번 있었다. 큰 아이를 낳고 시댁에서 살면서 대학원에 다니던 때에, 이유를 알 수 없는 호흡곤란으로 병원에서 여러 가지 검사를 받은 적이 있다. 여러 번의 검사를 받고 결과를 확인하는 중에 호흡곤란은 더욱더 심해지는데, 검사 결과는 매번 '정상'이었다. 의사의 최종진단은 스트레스로 인한 신경성 호흡곤란이었다. 그때 난 약을 먹는 대신에 운동을 택했다.

내 나이 스물여덟 살, 큰 아이가 두 살이던 1991년 가을에 내가 선택한 운동은 태권도이다. 초등학교 시절부터 배우고 싶었던 운동이었지만 여자라는 이유로 쉽게 접할 수 없었던 태권도를 배우기로 한 것이다. 실내에서 하는 운동이어서 날씨의 영향을 받지 않고 매일 할 수 있다는 것, 나만 부지런하면 혼자서도 연습이 가능하다는 점이 마음에 들었다. 인천에서 서울로, 새벽에 하는 운동에 참여하기 위해 매일 아침 첫차를 타고 학교에 다녔다. 잠은 덜 잤지만 운동을 통해 몸도 마음도 건강을 찾게 되었다.

대학원을 졸업하고 대전 연구단지에 내려오지 20년이 되었다. 그 20년 동안, 수영, 탁구 등 종목은 바뀌어도 운동을 쉰 적은 없었다. 태권도를 시작하면서 3단을 따는 것을 목표로 했었는데, 이런 저런 이유로 20년이 걸렸다.

5년이면 이룰 수 있는 일을 20년 걸려 이루었지만, 그래도 끝까지 포기하지 않았던 것을 다행으로 생각한다. 포기하지 않았던 덕분에 공식 지도자가 되기위한 첫 단계인 태권도 4단을 새로운 목표로 세우고 지금도 계속 운동을 하고 있다. 박사학위를 따는 것에 견줄 만큼 어려운 태권도 4단을 따려는 이유는, 건강한 몸과 정신을 갖게 해주는 좋은 운동인 태권도를 마음이 어려운 사람들에게 정식으로 가르쳐 주고 싶고, 그래서 그들도 나와 같이 건강한 삶을 살게 해주고 싶어서다.

마지막으로 이루고 싶은 꿈

우리나라에 처음 슈퍼컴퓨터가 도입된 것은 1988년이다. 본격적으로 서비스를 시작한 것은 1988년 12월 6일. 당시 나는 대학원 석사과정에 다니고 있었으며, 기후모델링 연구그룹이었다. 슈퍼컴퓨터의 필요성을 누구보다 잘 알고 계셨던 지도교수님 덕분에 슈퍼컴퓨터 1호기 CRAY 2S의 사용자가 되었으며, 박사 논문은 2호기 CRAY C90를 사용하여 마칠 수 있었다.

1996년졸업 후 첫 직장으로 당시 슈퍼컴퓨터를 운영하고 있던 시스템공학연구소를 선택하였고 4월에 지구환경정보연구부로 입소하여 12월에 슈퍼컴퓨터센터로 부서 이전하면서 거의 20년 가까이 슈퍼컴 관련 사업을 수행하고 있다. 슈퍼컴퓨터 사용자였던 경험을 바탕으로 슈퍼컴퓨터 사용자를 지원하는 일이 첫 업무였다. 2년간 근무하고, 방문연구원으로 1년간 미국을 다녀 올 기회가 생기면서, 휴직 처리가 안 되어 퇴직하였으며, 귀국 후 면접을 보고 재취업한 곳 또한 슈퍼컴퓨터센터이다. 다시 돌아와 30대 중반에 슈퍼컴 사용자 지원을 담당하는 슈퍼컴퓨팅응용실장을 맡게 되었고, 그때 처음 맡은 일이 우리나라 최초의 가상현실 가시화 시스템의 도입이었다. 그리고 슈퍼컴퓨터 3호기 도입 실무 총괄이었다. 1호기와 2호기는 정량적인 평가만하고 단일시스템을 한번에 도입한데 반하여 3호기는 두 종류의 시스템을 두 번에 나누어 도입하고 정성적인 평가까지 포함되어서 선정 과정이 복잡하고 어려웠다. 하지만 많은 분들의 도움으로 처음 시도한 도입선정 과정을 성공적으로 끝냈으며, 그에 대한 공로를 인정받아 KISTI 개원 1주년 기념식에서 대상을 수상하였다.

응용실장으로 3년을 보내고 난 뒤 평연구원으로 돌아와 10년 동안은 과제책임자로서 연구사업을 수행하며 보냈다. KISTI에서 처음 시도한 모험창의과제 공모에서 내가 제안한 과제가 1위로 선정되어, 3천만 원의 연구비 이외에 장비 구매비용 3천만 원을 추가로 지원받았다. 그 덕분에 기획연구로 제안했던 과제에서 구체적인 연구 결과물을 만들어 낼 수 있었고, 그 결과물은 현재 수행하고 있는 사업의 주춧돌이 되었다. 이때 실무적으로 큰 도움을 준 동료 연구원 권오경 선임과 공군기상단 함숙정 사무관님께 고마운 마음이 크다.

| KISTI '꽃보다 선배' 프로그램 일환으로 30년만에 찾아간 모교에서의 강연 모습

2007년 모험창의과제로 시작한 6개월에 3천만 원의 '자연재해 위기대응 의사결정 개선 시스템 개발' 과제의 결과물을 바탕으로 2007년 12월 공공기술연구회의 협동연구사업에 3년에 30억 원의 '태풍-홍수 재해대응 의사결정지원시스템 개발' 과제를 제안하여 선정되기도 했다. 이 과제의 결과물을 바탕으로 2013년 미래창조과학부에 제안하여 연간 30억 원의 '초고성능컴퓨팅 기반 국가현안 대응체계 개발' 사업이 기관고유사업으로 만들어졌고, 그 안에서 '태풍-해일-홍수 재해대응 의사결정지원시스템 개발'이 진행되고 있다. 다음으로는 산불, 산사태 방재에 필요

한 의사결정지원시스템 개발이 목표이다.

우리나라에서 가장 큰 자연재해 피해는 태풍과 태풍에 동반된 호우에 의해 발생한다. 홍수와 산사태는 호우의 영향으로 발생하기에 방재에서 차지하는 중요도가 높다. 가뭄 또한 극심해질 것으로 예상되면서 산불 발생 빈도가 증가하고 있기에 예방하고 대비하기 위해서 이 분야에 대한 연구를 지속적으로 수행하고자 한다.

10년간의 무보직 생활을 접고, 다시 보직을 맡은 것은 2013년이다. 2011년 국가초고성능컴퓨팅 활용 및 육성에 관한 법률이 제정되고 2012년에 KISTI가 국가초고성능컴퓨팅센터로 지정받은 이후 2013년에 만들어진 국가슈퍼컴퓨팅연구소에서 슈퍼컴 4호기 운영을 담당하는 부서인 슈퍼컴퓨팅서비스센터를 맡게 되었다. 슈퍼컴 1,2호기는 사용자로, 3호기는 도입책임자로, 4호기는 운영책임자로 일하고 있으니 슈퍼컴퓨터를 빼고서 내가 살아온 날을 이야기할 수는 없다.

슈퍼컴 공동활용 서비스 발전방안 토론회 직후 참석자 단체 기념 사진

슈퍼컴 3호기 도입을 추진하던 당시, 이러다 죽을 수도 있다고 생각한 적이 있을 만큼 힘든 일이었지만, 그때 그렇게 큰 사업을 할 수 있었던 덕분에 지금의 내

가 있다고 생각한다. 5호기 도입 예산을 확보하기 위한 준비 작업을 지원하면서 다시 한 번 육체적으로도 정신적으로도 극한 상태에 몰렸었지만, 미래 국가슈퍼컴 사업기획에 참여할 수 있는 기회를 나에게도 허락해 주신 미래창조과학부 원천연구과 박진선 과장님, 오준호 사무관님, 노승현 사무관님께 감사한 마음이 더 크다. 돈을 주고 사서 운영하던 슈퍼컴을, 앞으로는 직접 개발해서 운영하는 계획을 세워 볼 수 있었다는 것, 엄청난 큰 변화를 주도하고 인정받기까지 힘들었지만 참으로 뿌듯한 일이었기에 직장생활하면서 기억에 남는 가장 내가 잘 한 일로 뽑고 싶다.

2013년 12월 6일, 슈퍼컴퓨팅서비스센터장으로 있을 적에 25주년 기념행사를 주관하였는데, 2023년 35주년 기념행사에서는 새로운 슈퍼컴 역사가 시작된다는 것을 선언하고 싶다. 새로운 역사란, 우리가 개발한 슈퍼컴퓨터를 가지고 슈퍼컴퓨팅서비스를 시작하는 것, 그래서 내가 마지막으로 이루고 싶은 꿈은 우리 기술력을 모아 우리가 사용할 슈퍼컴퓨터를 개발하는 것이며, 슈퍼컴퓨터 활용 확대를 통해 국가 안보와 사회 안전과 경제 발전에 기여하는 기술을 개발하는 것이다. 내게는 이렇듯 또 하나의 목표가 생겼다. 지금껏 그래왔듯이 목표를 달성하기까지 어떠한 어려움이 따르든 최선을 다하리라 다짐해본다.

Nam &
Yoon

조금 돌아가도 **괜찮아,**

내가 가야할 **길**이라면

남민지

Nam, Minji

서울대학교 컴퓨터공학부를 졸업하고 동 대학원에서 석사학위를 받았다. KT연구개발센터에서 전임연구원으로 근무했으며, 변리사시험 합격 후엔 김앤장 법률사무소와 KT 재직 후 현재 남앤윤특허사무소의 co-founder 파트너 변리사로 재직 중이다. 특허지원센터전문위원, 한국지식재산보호협회전문위원, 발명진흥회전문위원으로 활동하고 있다.

대통령이 두 번 바뀌는 동안, 저는 네 번이나 직장을 바꾸었습니다. 석사학위를 취득하고 대기업 연구소에서 연구원으로 근무하다가, 변리사 시험에 합격하여 로펌에 입사를 했고 그러다 대기업의 사내 변리사로 일하다가 현재는 특허법률사무소를 운영하고 있습니다.

직장을 여러 번 바꾸다 보니 저를 둘러싼 세상도 드라마틱하게 전개되었습니다. 생각해보면 지금 내가 있는 곳까지 짧게 올 수 있는 길을 조금 멀리 돌아온 것 같은 아쉬움도있습니다. 하지만 곰곰 돌이켜보니 그 과정에서 내가 쏟은 노력이 결코 헛되거나 남 주는 것이 아니라고 생각합니다. 저는 그 경험을 나누고자 합니다. 그리고 이 이야기는, 이제 막 새로운 출발선에 섰지만 미래를 향한 길의 끝이 잘 보이지 않아 막연하게 두려웠던, 이십대의 저에게 보내는 격려와 위로의 메시지이기도 합니다.

석사학위 수여식날 졸업 인증 사진을 찍었다

새로운 길을 만나다

저는 서울대학교 컴퓨터공학과를 졸업하고, 현재 미래창조부 장관으로 계시는 최양희 교수님의 가르침을 받으며 네트워크 전공으로 석사학위를 취득했습니다. 석사학위 논문은 IEEE PIMRC2004 학회지에 실리기도 했습니다.

네트워크를 전공하다보니, 자연스럽게 통신기업인 KT에 연구원으로 입사하게 되었습니다. 첫 사회생활을 시작한 만큼 열정과 의욕이 컸습니다. 학위 과정 및 연구원 재직기간 동안 국내외 특허 6건을 출원했고, IPv6 표준화를 위한 협의회에도 참여할 수 있었습니다. 열심히 한 만큼의 성과가 나오던 때라, 힘든 줄 모르고 연구에 매달렸던 것 같습니다. 그런데 10년 후의 제 모습을 그려보니, '안정적인 직장인'의 모습 이외에는 내가 바라던 그림이 잘 그려지지 않았습니다. 어제보다 조금은 나은 오늘을 켜켜이 쌓아 미래를 만들고 싶었는데, 어제와 같은 오늘을 반복하는 건 최선이 아니라는 생각이 들기 시작했습니다.

그 무렵 우연이 변리사라는 직업을 접할 기회가 생겼습니다. 그때까지만 해도 변리사라는 직업에 대해 대강은 알고 있는 정도였는데, 변리사를 하고 있는 선배를 만나게 되고, 때마침 친한 친구들이 변리사를 준비한다는 이야기도 듣게 되면서, 자연스레 관심이 생겼습니다. 그때까지의 저는 기술만 연구하는 연구원이었는데, 변리사는 기술뿐 아니라 법률에 대한 전문성까지 가져야 하는데다가, 제가 연구하는 국한된 분야를 넘어 여러 분야의 기술을 접하고 그 가치를 실현하는데 기여할 수 있다는 점이 무척 매력적으로 보였습니다.

다행히 수험 운이 따라주어, 생각보다 짧은 기간에 변리사 시험에 합격했습니다. 막상 변리사가 되고 연수원에 들어가 보니, 보다 일찍 되지 못한 것이 아쉽게 느껴졌습니다. 여자 동기들은 대부분 저보다 어린 나이였고, 인생의 지름길을 저만 모르고 있었던 듯한 묘한 소외감마저 들기도 했습니다. 그런데 제가 네트워크를 전공하고 연구원으로 근무했던 경험으로 인해, 오히려 김&장 법률사무소에서 일할 기회를 잡을 수 있었습니다. 김&장 법률사무소는 애플, MS, 구글, 인텔과 같이 IT 분야의 세계적인 기업들을 고객으로 가지고 있었기 때문에, 제 경험과 경력이 큰 장점이 될 수 있었습니다.

그곳에서 근무하면서 저는 변리사로서의 기본기를 익힐 수 있었습니다. IT 분야의 세계적인 기업의 특허를 출원하고 중간사건 대응 업무 등을 처리하면서, 제 전공 분야의 기술 흐름도 놓치지 않을 수 있었습니다.

무엇보다 글로벌 기업들이 많았는데 변리사의 수준도 그만큼 높을 수밖에 없었습니다. 사실 경력이 없는 변리사로서 고객이 원하는 수준을 맞추는 것이 상당한 부담과 긴장 없이는 할 수 없는 일이기도 했습니다. 예컨대 며칠 만에 선행기술 몇 만 개를 검토하고 보고서를 쓴다거나, 그 전에 미처 접해보지 못했던 새로운 기술을 며칠 밤을 새워 분석하고 이를 설명하는 일, 변호사들과 협업을 하면서 법리적인 분야의 흐름과 이론을 배워야 하는 일 등입니다.

사실 그때는 어서 빨리 그 프로젝트들이 끝나기만을 기다릴 정도의 입에서 단내 날 정도의 고된 일이기는 했지만, 지금 와서 돌이켜보니 그 시간들이 제가 변리사로서 일할 수 있는 기본기, 변리사로서 일해야 하는 수준에 대한 기준점을 형성하는 데 큰 도움이 되지 않았나 싶습니다.

경험이 나를 성장시키다

그러던 중 KT의 사내변리사로 근무할 기회가 생겼습니다. 연구원으로 근무하던 회사여서 기업문화에 익숙하다는 장점 이외에도, 로펌과 달리 직접 기술을 활용하는 기업의 입장에서 보는 특허의 가치와 실질적인 활용 방법 등을 경험할 수 있다고 판단하여 이직을 결심하게 되었습니다. 연구원으로 다니면서 특허를 출원하는 입장이었는데, 이번에는 다른 입장에서 특허를 관리하는 자리로 오니, 그 일이 설레고 기대되었습니다.

| KT 여성리더쉽과정 수료식날 지도교수이신 이해득 교수님과 함께 사진을 찍었다.

처음 맡은 일은 KT 특허마케팅 업무였습니다. KT는 우리나라의 통신사업의 역사와 함께한 기업으로 수십 년간 연구소를 운영하면서 발굴한 우수한 국내외 특허가 상당히 많이 있습니다. 이러한 특허를 판매하는 것이 제 업무였습니다. 특허를 판매하려면 특허의 가치를 정확히 판단해야 하고, 또 특허권으로서의 가치를 알려면 변리사로서의 경험이 필요했습니다. 통신을 전공하고 로펌에서 변리사 업무를 배운 저에게는, 그때까지 해온 경험을 충분히 살릴 수 있는 일이었습니다.

이와 함께 KT의 해외출원도 제가 담당했는데 해외대리인 선정기준을 작성하여 이에 따라 해외대리인을 선정하여 대리인 풀로 관리하는 일이었습니다. 그리고 다수의 대리인을 통해 출원을 진행하다보니, 그 업무의 일관성을 얻을 수 있게 기술용어 및 명세서 기본 문구에 대한 KT표준양식이 필요할 것으로 판단하고 이를 정비하는 작업도 했습니다.

조직개편으로 제가 속한 IPR담당은 법무센터 소속으로 이동하였고, 법무담당과의 co-work비중이 높아졌습니다. IPR 법무팀에서는 지재권 관련 계약자문을 많이 하였는데 이러한 업무를 하면서, 사람과 사람, 사람과 기업, 기업과 기업 사이에서 자연스럽게 맺는 관계가 참 다양하다는 것, 그리고 그러한 관계가 '계약'이라는 법률관계로 맺어질 때는 또 어떤 것들이 문제될 수 있는지 많이 느꼈습니다.

또한 특허 심판 소송의 대응도 제 업무 중 하나였습니다. KT는 매년 수십 개의 서비스를 새롭게 론칭합니다. 그런데 막상 서비스를 시작한 후에 특허침해 문제가 발생하면, 막대한 비용을 들여 시작한 서비스를 제대로 해 보지도 못하고 접어야 할 수도 있는 위험이 있기에 서비스 론칭 전에 각 서비스가 제3자의 특허를 침해하는지 여부를 반드시 검토해야 할 필요가 있습니다.

이를 맡아 처리한 업무 중 특히 기억에 남는 일은, 국책 과제 계약서에 기술료 징수에 관한 문제 해결을 위해 뛰어다녔던 일입니다. 당시 국책 과제는 여러 해에 걸쳐 수행되는 경우가 있었는데, 국책 과제 계약이 관련 규정이나 규칙이 그 후 바뀌면서 국책 과제를 시작할 때에는 인식하지 못한 기술료가 국책과제 종료 후 소급하여 징수되어, 기업의 입장에서는 전혀 예상치 못한 큰 비용을 뒤늦게 부과해야 하는 일이 발생했던 것입니다.

저는 다른 참여기관의 관계자들을 만나 의견을 취합하고, 유사 사례에서의 공문을 전달받은 후 기술료 징수의 부당성을 정리한 자료를 만들었습니다. 그 자료를 들고 직접 산업통상자원부를 방문하여 저희 입장을 설명드렸고, 다행히 기술료 부과 방침이 철회되는 결과를 얻어 낼 수 있었습니다. 그 과정에서, '발로 뛰고', '직접 부딪히는' 일이 실제로 어떤 문제를 해결하는 데 얼마나 큰 힘을 발휘하는지 많이 느끼게 되었습니다.

특허마케팅 업무, 해외출원, 특허관련 계약 검토 등을 하면서, 특허와 같은 지식재산권의 가치를 평가하는 일에 자연스레 관심을 가질 수밖에 없었습니다. 지식재산권 자체를 거래하거나 출자하는 등 거기에 가격을 매길 필요가 생기고, 또 지식 기반 산업이 성장하면서 지식재산권의 가치라는 것도 비약적으로 높아졌습니다. 그래서 업무를 맡아 처리하는 기회에 보다 전문적인 식견을 가지고 싶어, 가치평가사 자격증을 취득하였습니다.

사내변리사로 근무하면서 또 하나의 좋은 기회였던 것은, 지식재산보호협회 등에서 심의위원으로서 참여할 기회를 얻은 것이었습니다. 2년여 동안 심의위원으로 참여하게 되었는데, 그 과정에서 분쟁 중이거나 분쟁이 예상되는 기업의 실제 사례를 생생히 접할 수 있었고, 그에 대응하는 여러 특허사무소의 분석 수준이나 전략에 대해서도 직접 보고 들을 수 있는 기회가 되었습니다.

다시 또 도전이다

김&장 법률사무소에서 함께 근무하던 선배의 제의를 받고, 제 이름을 딴 특허법률사무소를 개소하게 되었습니다. 정말이지 10년 전까지만 해도 상상도 해본 적 없는 일입니다. 낯을 가리고 모험을 즐기지 않는 안정지향적인 성격의 제가, 특허법률사무소를 운영한다는 것은 사실 대단한 용기가 필요한 일이었습니다. 그럼에도 과감히 간판을 내걸 수 있었던 것은 그간에 축적된 경험들 덕분이었습니다. 업무성과의 수준을 어떻게 높은 수준으로 유지하고, 이를 위해 어떤 업무처리 시스템을 꾸려야 할 것인지는 김&장 법률사무소에서의 근무 경험이 힌트를 주었고 고객이 무엇을 원하는지는 KT 사내변리사로서의 경험을 통해 직접 느꼈던 바가 많아, 고객의 요구를 잘 이해할 수 있을 것 같았습니다. 그리고 무엇보다 10년간 여러 업무를 거치면서 만났던 사람들과 맺은 하나하나의 연결고리들이 모두 고객을 모실 수 있도록 하는 힘이 되었습니다. 그리고 이러한 여러 경험들이, 개업에 있어 어쩌면 가장 필요할 지 모르는, 용기와 자신감을 만들어주었습니다.

서두에 잠깐 언급하였지만, 저는 어제보다 조금이라도 더 나은 오늘의 제가 되도록 하는 것이 하루하루를 살아가는 태도이자 방향으로 생각하고 있습니다. 굳이 누구와 경쟁해서 이기거나 제 가치를 남과 비교하고 싶지는 않지만, 그래도 제가 할 수 있는 발전을 묵묵히 이루어가고 싶습니다. 그게 제 자신과의 약속이자, 전문직업인으로서의 책임이 아닌가 생각합니다.

이런 마음으로 살다보니, 제가 지나온 길은 쭉 뻗은 고속도로를 달린 것이 아니라 꼬불꼬불한 옛날 산길을 올라온 것 같은 모양이 되었지만, 그 과정에서 얻은 것도 참 많습니다. 이 길이 맞나 싶은 생각이 들었지만, 시간이 지나고 보니 예전의 나보다는 지금의 내가 조금은 발전한 것 같은 뿌듯함도 있습니다. 아직 제 인생은 성공과 실패를 논할 수도 없는 단계에 있지만, 이렇게 오늘을 쌓아가다 보면 내일의 제가 오늘을 후회하지는 않을 것이라는 정도의 생각은 듭니다.

일상의 쉼표로 차를 마시는 즐거움을 알게 되었다

경북 영주에 가면 부석사라는 유명한 사찰이 있습니다. 아름답기로 소문난 곳이지요. 그런데 부석사의 특징 중 하나는, 절 전체의 조망이 한 눈에 들어오지 않는다는 것입니다. 산비탈을 따라 각 공간이 분리되어 있고, 돌계단을 한 번 올라가야 다시 다음의 눈부신 공간이 펼쳐집니다. 마지막 돌계단에 막 올라서서 새로운 공간이 눈에 펼쳐지는 순간의 황홀함이 부석사의 가장 큰 매력이 아닌가 싶습니다.

어쩌면 우리 인생도 부석사와 비슷하다는 생각이 듭니다. 제가 앞으로 갈 길이 한 눈에 조망되지 않는다고 하더라도, 지금 있는 곳에서 돌계단을 찬찬히 하나하나 밟아 오르다 보면, 지금은 상상하지 못하는 또 다른 세계가 곧이어 펼쳐진다는 점에서요. 저도 지금의 다음 단계는 어떤 장면이 어떤 내 모습이 펼쳐질지 모르지만, 지금 접하고 있는 공간의 아름다움을 충분히 즐기고자 합니다. 그래야 다음 단계로 또 다시 올라설 수 있을 것이고, 거기서는 또 다른 도전과 감동이 나를 기다리고 있을 것으로 기대합니다.

내 안에 잠재된 1%를 깨어 희망의 날개를 펼쳐라

이화순

Lee, Hawsoon

영남대학교 환경공학과 석사 졸업 후 2013년 경북대학교에서 박사학위를 받았다. 건설교통부 중앙건설기술심의, 환경부 포럼 및 환경영향평가규정, 영주시 도시계획위원으로 활동한 바 있으며, 부산국토관리청, 대구광역시 및 경상북도 건설기술심의, 국방부특별건설기술자문, 대구지방환경청의 입지컨설팅 그리고 청송군, 안동시, 대구 남구청 등의 도시계획 및 재해영향성검토위원으로 활동하고 있다. 폐기물처리기술사와 2014년 CVS라는 국제공인가치공학 라이센스 취득, 건설사업시행절차서 (한국기술사회 대구 · 경북지회), 환경영향평가 매뉴얼작성 등에 참여, 환경부의 대구지방환경청장, 환경부장관, 과학기술부장관상 수상. 현재 (주)한도엔지니어링종합건축사 사무소 환경계획부를 총괄하고 상무로 재직하며 학교 강의를 하고 있다.

할 수 있다고 생각하라

학창시절, 꿈도 목표도 나에겐 없었다. 꿈이 없었기에 목표라는 것도 없는 게 당연할 것이다. 새 학년에 올라갈 때마다 적어내는 장래희망 란에 뜻도 알지 못하면서 '현모양처'라고 썼던 기억이 있다.

경북 영천의 외딴 마을, 강물이 흐르는 과수원 풀밭 위를 뛰어 다니며 자연과 벗 삼아 지내던 시절, 사실 난 공부에 크게 흥미 없는 시골소녀였는지 모른다. 그러나 별다른 노력을 하지 않았는데도 수학 과목만큼은 참 잘했고 좋아했다. 명쾌한 답을 주니까 좋았던 것이 아닐까? 이다음에 수학선생님이 되어 볼까라는 생각도 했던 것 같다. 중학교 때 선생님으로부터 '재는 머리는 좋은데 공부 안하는 학생'이라 하면서 조금만 하면 잘할 수 있다며 안타까워 하셨던 기억이 난다. 학교 안 간다고 집에서 뒹굴고 있을 무렵 국어선생님이 원서접수 마지막 날 직접 집으로 원서를 가지고 오셔서 겨우 접수했다. 그 때 국어선생님이 아니었다면 고교에도 못 갔을지도 모른다.

뒤늦게 철이 들어 공부란 하면 된다는 것을 알게 되었고 환경의 중요성을 인식한 후 환경공학 분야의 공부를 하게 되었다. 더욱이 전공과 관련해 일본어를 접하면서 기초부터 차근차근 배우며 노력한 끝에 책까지 번역하게 되었는데 그때의 기쁨은 말로 표현 못할 정도로 감격스럽기까지 했다.

늦은 배움의 길에서 주어진 삶에 최선을 다함에, 그것이 열정이었고, 그 열정 덕분에 지금까지 올 수 있었을 것이다. 열정 속의 끈기와 인내라는 에너지, 그것이 나를 바로 세우는 원동력이 되어 어려움이 있을 때마다 절망하기보다는 '할 수 있다'는 생각으로 포기하지 않고 극복해 왔다.

기술사 공부는 다른 공부보다 훨씬 긴 시간이 걸렸다. 낙방의 고배는 나를 돌아보는 계기가 되었고 나를 성장시켰다. 더욱이 여러 번 낙방을 통해 늘어난 지식의 양만큼 공부의 깊이와 넓이를 축적할 수 있었다. 그 힘은 대단하다. '배워서 남 주냐'라는 말처럼 공부는 한 만큼 내 것이 되고 성과가 있고 버릴 게 없었다. 그때 공부한 경험이 지금 하는 일에 큰 자원으로 활용되고 박사학위 논문 때의 탄탄한 밑거름이 되었다. 낙방은 시련만 주는 것은 아니었다. 그 후 공부는 하면 된다는 생각을 늘 하게 되면서 다시 용기를 내어 느즈막에 CVS라는 것에 도전을 했다. 하면 된다는 각오로 하니 또한 가능했다. 이 모두가 하면 된다는 긍정적 사고의 결과이다.

대학원 다닐 때 어느 회사 대표가 기술사를 공부하라는 권유를 했지만 그때만 해도 공부가 어렵고 또 시험에 떨어지는 것이 두려워 '나는 안 돼요'라고 답한 적이 있다. 공부는 하면 된다는 것을 진작 깨닫고 실패나 낙방도 공부가 된다는 것을 일찍이 알았더라면 지금 가고 있는 이 길이 훨씬 더 빨리 왔을지도 모른다. 기술사를 준비하는 공대 여학생이나, 다른 시험을 준비하고 있는 후배 여학생들에게 나는 이렇게 말해주고 싶다. "목표가 있다면 도전하고 공부하고 또 도전하라"고.

시련을 받아들여라

시련의 늪에서 벗어나는 방법은 받아들이는 것이다. 시련 또한 나의 것이라 여기고 그 안에서 방법을 찾아야 한다. 포기하는 건 실패보다 비겁한 일이고 또 얻는 게 아무것도 없다. 시련이 주는 고통이나 상처 등을 통해 진정한 자신의 모습을 들여다보고 정확히 자신을 파악할 때 비로소 희망이 힘차게 다가온다.

내가 시련을 받아들이게 된 계기는, 힘들고 괴로울 때 어느 분께서 해주신 따끔한 충고와 보내주신 문자 덕분이다. 그 분의 말씀으로 마음의 무게를 내려놓을 수 있게 해주셨다. 힘들고 지쳐있을 때 비수 같은 한 마디의 말일지라도 받아들이기 나름이다. 격려가 아닌 따끔한 충고에 화가 나기보다는 오히려 속이 뻥 뚫리는 후련함을 느낀 것은 왜일까? 진심을 담은 따끔한 충고이었기에 마음이 그대로 열리고 또 그대로 받아들였기 때문이라고 본다.

꾸지람을 크게 한 후 그 분께서는 '연꽃보다 더 아름다운 마음을 가졌고 너는 그 시련을 감당할 만큼 그릇이 되는 사람이니라'라는 메시지를 보내오셨는데 가슴 뭉클한 무엇을 쏟아내며 펑펑 운 기억이 생생하다. 1년 여의 가슴앓이를 토해냈다.

아~ 이것이 가슴을 울리는 울림이었다. 그 이후로 그 어떤 시련도 받아들이고 감내하게 되었다.

건설회사 특성상 남자들의 세계에서 여성이 버텨내고 감당하기 어려울 때가 많다. 한 경력직원이 나를 시련의 불속으로 뛰어들게 했다. 감당하기에 힘에 부쳤지만 아닌 건 아니기에 호되게 야단치기도 했으나 사고는 바뀌지 않았다. 이 일을 어찌할까 고민했지만 뾰족한 해결책 없이 매일 매일이 시련의 연속이었다.

속임수와 거짓말로 일관하는, 다른 사람은 까막눈인 줄 알고 설쳐대는 그 직원을 마침내 과업에서 손을 떼게 하고 다른 직원과 함께 겨우겨우 이어나갔다. 맡기면 맡길수록 더 힘들게 하고 어렵게 했다. 결국 그 속 썩이던 직원이 필요한 자료들을 없애고 갔는지, 떠난 후 중요자료들이 보이지 않았다. 인생에 있어 가장 큰 시련이었고, 그 시련은 잠시 머물다 가면서 나를 시험하고 멀리 떠나갔다.

회사에서 윗분들은 한 명의 여성 부서장이 남자 직원들에게 큰 소리만 치니 곱고 좋게 볼 수 없었을 것이다.

'나무는 제 손으로 가지를 꺾지 않는다' 했다. 조용히 말없이 떠나보냈지만 마음에 남은 미움은 금방 떠나가지 않았다. 그러나 이 모든 것이 나의 부덕함이라 여기며 마음을 다스렸다. 하루는 부하 직원이 궁금한 것이 있다며 물어왔다. 그 직원이 그렇게 하고 떠났는데 용서가 되느냐는 것이었다. 나는 '용서는 사람을 살린다' 하고 웃어 넘겼다.

산에 나무를 보라! 누가 뭐래도 비바람에도 꿋꿋이 누가 반기지 않아도 물을 주지 않아도 보듬어 주지 않아도 자란다. 먼 훗날 휴식처로 재목으로, 물의 보유 능력으로 우리들에게 참으로 많은 이로움과 교훈을 준다.

어느 누구에게도 이런 시련과 괴로움은 다 있을 것이다. 어찌 보면 인생자체가 시련과 괴로움의 연속이 아니던가! 이를 어떻게 받아들이냐에 달라진다. 남을 밟고 일어설 것인가? 스스로 일어설 것인가? 남을 밟고 일어서면 순간은 빨리 일어설 수 있다. 순간은 디딤돌이 될지언정 훗날에는 걸림돌이 될 수 있다.

시련이란 무의미한 일보다 가치 있는 것에 수반되기 마련이다. 그러므로 받아들이고 견딜만한 이유가 있는 것이다. 부딪히고 깨지면서 마침내 그 상처가 아물 때쯤 고통도 사라지고 아름다운 서광이 길을 밝게 비춰줄 것이다. 늘 칭찬과 비난에도 흔들리지 않으려고 물 흐르듯 살려고 부단히 노력하여 왔다.

따뜻한 베품을 가슴에 묻으니 새로운 도전의 힘이 되더라

석사 논문 1차 심사때 심사위원님들의 질타가 많았다. 왜 하필이면 일본자료나 국내자료는 없는 것인가 등의 쏟아지는 질타 속에 논문을 쓰다가 돌연 6개월 계획을 1개월로 줄여서 일본 연수 길에 올랐다. 새로운 도전이자 모험이었다. 그 곳의 하수처리장 6~7곳을 돌면서 채수도 하고 실험도 하고 현미경으로 미생물 동정도 하며 자료 수집과 함께 열심히 뛰어다녔다. 논문의 제목이 하수처리장의 기능판정을 위한 생물상의 연구로서 우리나라에서는 그 당시 하수처리장 생물상의 자료가 거의 없었다. 하수처리장을 관리함에 있어 생물학적 처리의 미생물상태가 아주 중요하다. 이상 기류를 조기에 판단할 수 있는 현미경으로 미생물의 종류나 움직임의 상태, 개체 수 등에 따라 긴급하게 대처가 가능하기 때문이다.

그 짧은 1개월간의 경험은 나의 인생을 바꾸어 놓을 정도로 일생에 삶의 지표가 되었다. 그리고 공부만이 전부가 아닌 남을 위해 베푸는 배려에 대해서도 배우게 되었다. 한낱 학생의 신분에서 누릴 수 없는 극진한 대우를 받는 영광을 안았다. 가는 곳마다 환영은 물론이고 여러 하수처리장을 다니기 편리하도록 교통과 타국의 지리적 감각이 없음에 불편함이 없도록 매일 직원과 함께 동행해 주었고 매일 출퇴근을 함께해 주는 따뜻한 배려는 무엇보다 큰 고마움이었고 가르침이었다. 이 모두가 지도교수님의 큰 그늘에서 경험할 수 없는 것을 경험하게 된 시간이었다. 지도교수님은 고인이 되신지가 오래 되었지만 그 제자들은 아직도 동강회 (교수님의 호)라는 모임을 지금까지도 이어오고 있다.

이 한 달간의 공부보다 더 크게 배운 건 고마움이 배어있는 배려였다. 따뜻한 베품을 가슴에 묻으니 그것이 힘이 되고 활력소였다. 감사하다. 배려는 눈에 보이지 않는다. 학문으로 배울 수 없는 것을 경험을 통해 몸소 느끼게 하였다. 학생 신분에서도 어찌됐던 1개월간의 연수비를 마련해야 되는데 교수님의 배려로 일본OO시에서 그리고 이와모토 상준님의 사장 댁에서 모든 것을 제공받아 무료로 잘 다녀올 수 있었다.

일본 갈 때도 함께 동행 하셔서 시 공무원들에게 한 분 한 분 소개와 당부의 말씀을 아끼지 않으시고, 그 다음날 한국으로 가셨다. 그때 참 많이 울었다. 두려움과 고마움에 하염없는 눈물을 흘렸다.

'빵이 사람을 살리는 것이 아니라 빵에 담겨진 진심과 사랑이 사람을 살린다'는 말이 있다. 교수님의 배려에 모두가 감탄하였고, 가는 곳마다 일본 공무원들도 많이 놀라는 모습이었다. 나에게 참으로 행운이다 라고 하면서 부러워하기도 하였다.

느즈막에 가치공학(CVS)이라는 라이센스에 도전했다. CVS(Certifed Value Specialist)는 미국 SAVE(Society of American Value Engineers) International에서 CVS 자격증을 부여한다. 한글로 치르는 시험이라 누구나 할 수 있다. 건설기술자들은 3년마다 교육을 받아야 하는데 그 승급 교육대신에 CVS 교육을 받으며 모듈Ⅰ과 모듈Ⅱ라는 과정을 거쳤다. 교육 수료 후 자격시험은 그만 두려고 했지만 회사의 배려로 교육비까지 지원받았는데 결과물이 있어야 되지 않을까 생각해서 끝까지 하게 되었다. 교육부터 CVS 취득까지는 2년이 소요되므로 쉽게 할 수 있는 건 아니지만 그래도 도전하고 공부했기에 좋은 결과를 낸 것 같다. 살면서 맞닥뜨려야 하는 새로운 도전, 해볼 만한 것이라 생각한다.

대구경북 CVS워크숍

여성이라는 편견 과감히 넘어서라

한 번은 이런 일이 있었다. 발주처 감독과 첫 통화를 하게 되었는데 내 목소리가 너무 어리게 들리고 잘 모르는 거 같다면서 더 이상 들을 필요가 있겠느냐며 전화를 끊었다. 젊은 신입 여성인 줄 알았다는 것이다. 기분은 몹시 언짢았지만 나를 젊게 봐 주니 좋게 생각하자며 마음을 삭였다. 녹록치 않은 사회생활을 알리는 신호탄이었다.

훗날 상황을 파악한 그분께서 미안한 마음에 사과하는 뜻에서 저녁을 함께하자는 요청을 하였고 그 이후 참 좋은 인연이 되었다. 이것이 우리 사회에 내재돼 있는 여성 편견의 현주소가 아닌가 생각한다.

지금은 많이 달라지고 있다. 남자와의 경쟁력은 그 분야만큼은 내가 이끌어 갈 수 있는 실력 겸비가 최우선이고 진심이 담긴 대화로써 상대에게 믿음을 주는 것이 중요하다. 한 가지라도 더 잘 하는 것이 있어야 존재의 가치를 인정받는다. 이것이 현실이고 나 역시 몸소 겪어서 터득한 진리다. 갑과 을의 관계가 아니라 동등의 관계가 되어 일에 임하다 보면 일은 잘 풀리게 되어 있다. 내 스스로가 을이 아님을 강조한다. 하지만 어렵긴 했다.

초기에는 의견을 논하는 자리에서 "감독을 설득하려 하느냐, 공직생활 2,30년에 당신 같은 사람 처음이다" 하면서 짜증을 내던 분이 나중에는 "역시 기술사가 다르긴 다르네" 하면서 완료할 때까지 늘 칭찬으로 일관한 적도 있다. 능력이 있다고 해서 언제나 남성과 어깨를 나란히 하는 것은 아니다.

동종의 업계에서 조차 나에게 처음에는 일찌감치 다른 길을 찾으라는 조언을 하기도 했다. 여성이 설 자리가 아니다. 특히 건설은 너무 거칠고 험한 분야라서 당신이 있을 곳은 더욱이 아니다. 곧 그만둘 게 뻔하다는 말까지 들었다. 과연 그러했는가? 그러나 누가 뭐라 해도 나는 내 방식을 택했다. 노력과 신뢰와 믿음이다. 모든 것은 진실로 통한다고 믿고 인정해줄 때까지 시간이 오래 걸리더라도 가진 능력을 보여주겠다는 각오로 철저히 준비하여 향후 어떤 과업에도 활용할 수 있게 자료 제공과 설명을 덧 붙였다. 남들보다 빨리 상황 파악을 하여 용의주도하게 행동할 줄도 모르고 묵묵히 고집스럽게 내 일을 하며 나의 길을 걸었다. 오히려 그것이 장점이 아니었을까 하는 생각도 해 본다. 복잡하게 이리저리 재는 거 없이 있는 그대로를 보여주며 행동했다.

하루 이틀 하고 그만둘 것이 아니기에 진실한 마음을 담아 설명하고 설득한 것이 세월이 흐르니 역시 내가 택한 방법이 옳았다는 판단을 해 본다.

그리고 편견과 선입견으로 바라보는 시선의 따가움에 때로는 유연하면서도 어떤 때는 물러서지 않고 강하게, 그러면서 한 발 물러서기도 하면서 살아왔다. 아직도 건설 분야에는 남성우월주의가 팽배하다. 하지만 자신만의 실력을 갖추고 진실된 마음으로 사람들을 대하고 주어진 일에 최선을 다하는 여성들이 하나 둘 늘어가면서 서서히 변화되고 있음을 실감한다.

함께하기에 힘이 된다

무엇이든 혼자 힘으로 되는 건 쉽지 않다. 회사, 친구, 동료, 지인 등이 함께 만들어가는 것이다. 피나는 노력과 치열한 경쟁에 맞서 당당히 우뚝 서서 후배 여성 공학도들을 이끌고 있는 이 시대의 성공한 여성공학인들도 혼자의 노력만으로 꿈을 이루지는 못했을 것이다.

나 역시 성공한 사람은 아니지만 지금 여기까지 오는 여정에 많은 분들이 함께 했고 그분들의 도움이 컸다. 든든한 버팀목이 되어주시는 부모님과 가족들과 친구들과 회사 동료, 선후배, 관계기관 등 헤아릴 수 없이 많은 분들과 함께 할 수 있어서 큰 힘이 되었다. 나는 우리의 삶을 함께 부르는 합창이라고 표현하고 싶다. 서로의 소리를 모아 멋진 노래의 하모니를 만들고, 하나의 불꽃보다 여러 개 불꽃의 밝기가 배가 되듯이 혼자의 힘보다 함께하는 힘이 더 크게 작용한다.

2010년 10월 일본 시모노세키에서 열린 제40회 한 · 일기술사 심포지엄에서 차기년도 다음 개최지로 대구가 선정되었다.

| 제40회 한·일기술사 심포지엄 시모노세끼에서 (대구경북기술사와 일본기술사위원장)

| 제41회 한·일기술사 심포지엄이 대구에서 개최시 만찬회 합창

이듬해인 2011년 10월 대구에서 열린 제41회 한 · 일기술사 심포지엄 국제행사는 500여 명이 참석한 가운데 '자연 및 인공재해 대책과 기술사의 역할이란' 주제로 대구 엑스코를 꽉 채우며 성황리에 막을 내렸다. 나도 기술사의 한 사람으로서 적극적으로 참여하여 국내와 일본 기술사들과 만나는 기회를 가졌다. 한일기술사는

매년 한일간에 격년으로 자국에서 개최한다.

대구 · 경북에서 함께 활동하는 한국기술사 대구 · 경북지회에서는 각종행사, 기술봉사 등의 활발한 활동과 더불어 매년 대규모 건설현장의 생생한 현장견학을 통하여 의견을 나누고 정보를 교환하는 한편 친목을 도모하고 있다. 또한 한국기술사 여성기술사의 여성위원에서도 작으나마 감성봉사, 재능봉사 등을 하고 있지만 봉사라기보다 오히려 마음을 다스리는 계기가 되고 고마움을 더 느끼게 해 주었다. 모두가 함께함에 더 큰 힘이 되고 늘 감사할 따름이다.

노력과 열정으로 내 안에 잠재된 1%를 깨워라

준비된 자에게 기회는 온다고 한다. 우연한 기회에 박사과정을 밟게 되었는데 과연 이 나이에 다시 공부 할 수 있을까 하는 두려움이 앞섰다. 그러나 해냈다. 여성공학도의 길은 열정에서 비롯된다. 여성이라는 값진 보석의 빛남은 열정에서 나온다. 재능이란 그냥 얻어지는 것은 아니다. 끊임없는 노력과 열정에서 얻어지는 값진 열매인 것이다.

주변의 성공한 여성 공학도들을 보면 절대적 노력과 열정으로 일관해 오면서 한 분야에서 자신만의 영역을 구축해 왔다. 그들의 내면을 들여다보면 폭풍우와 같은 거센 바람과 뜨거운 태양과도 같은 역경을 헤쳐 오느라 부드러우면서도 강하고 가녀린 듯 하면서도 힘차다.

지금의 모습이 화려하고 아름다운 모습일지라도 피나는 노력과 열정으로 그들만의 길을 개척해 왔다. 처음 시작은 보잘 것 없었을지 모르지만 세월을 거듭하며 단련되고 다듬어져 마침내 그 자리에 우뚝 서게 된 것이다.

모든 꽃과 열매는 비바람과 햇볕과 추위와 더위를 이겨내는 과정을 거쳐야 한다. 온실에서도 꽃과 열매가 맺히지만 연약하다. 대부분의 여성들은 "나는 안돼.

나는 못해." 하면서 먼저 포기하고 안주하는 것을 택한다. 이런 사고로는 꽃도 열매도 맺지 못한다. 설령 열매를 맺는다 하더라도 약함에 오래 못 견디고 떨어진다.

가능한 것과 불가능한 것의 차이는 뭘까? 그것은 내 안에 잠재 된 1%를 깨면서 나를 믿는 결심이고 행동이다. 어떠한 상황에서도 절망하지 않고 최선을 다할 때 인생의 빛나는 꽃을 피우고 튼실한 열매도 얻을 수 있을 것이다.

어릴 때 꿈과 목표가 없었더라도 지금이라도 꿈과 목표를 갖고 할 수 있다는 긍정적인 사고로 열정을 쏟으면 언젠가 어느 위치에 우뚝 서 있을 것이다. 하루아침에 이루어지는 건 없다. 열정보다 더 좋은 기술은 없다. 해가 뜨지 않는 날은 결코 없듯이 희망도 늘 곁에 있지만 무명에 가려 못 볼 뿐이다.

옛 말에 몸에 좋은 약이 쓰다 라는 말이 있다. 독초가 명약을 개발하고 신약을 탄생시킨다. 여성공학도들의 여정은 독초를 신약으로 만드는 과정과도 같다고나 할까. 공학이라는 녹록치 않은 짐을 지고 남들보다 좀 더 노력하고 끈기 있게 추진하면서 역경을 이겨내고 두 번 세 번 도전하고 두드리면서 앞으로 한참을 가야 명약이든 신약이든 만들 수 있다. 현재의 이공계 자체를 심각한 위기로 보고 있으나 이 위치에서 안주하지 않고 내 스스로 벽을 허물며 단단한 뿌리를 내리면서 위기를 기회로 바꿀 수 있다고 본다. 후배 여성공학인들의 멋진 활약이 기대된다.

지금도 차 트렁크에는 등산화가 실려 있다. 언제라도 현장에 갈 일이 생기면 바로 신발 끈을 조이고 먼저 앞장서 간다. 후배공학도들에게 현재의 위치에서 최선을 다하면서 자신의 영혼을 담으면 후일에 뿌리 깊은 나무가 되어 흔들림이 없을 것이다. 힘든 과정에서 뿌리 내린 것에 대한 그 가치를 크게 느끼게 된다. 그리고 그 일은 내가 좋아해야 된다. 그래야만 열정을 쏟아낼 수 있고 즐기면서 할 수 있기에 힘이 생기고 훗날 좋은 결실을 맺게 되는 것이다.

대구·경북기술사회의 거가대교 개통직전 교량위에서

박 송 자

인생 성공의 문을 여는 비밀번호, 노력

박 신 영

변화를 기회로 나를 찾아 나서다

강 미 아

가난한 보통사람의 생각법

박 태 희

나는 엔지니어다

열정 · · · 미래를 앞당기다 2

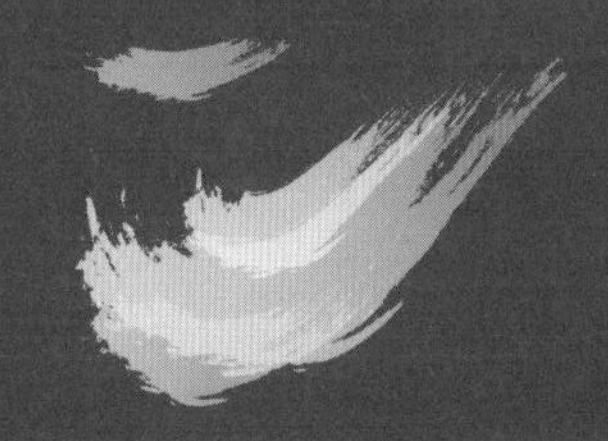

인생 성공의 문을 여는 비밀번호,

노력

박송자

Park, Songja

계명대학교 공중보건학과를 졸업하였으며, 경북대학교 산업대학원 토목공학과 석사학위를 받고 경북대학교 토목공학과 지반공학 박사학위를 받았다. (주)대원종합건설 안전과장, 한국건설안전기술단 이사를 역임한 후, 현재 (주)한국안전컨설팅 대표이사로 근무하고 있다. 경북전문대학교 겸임교수, 경상북도 건설기술심의위원, 대구시 건설심의위원, 대구시 하도급적정성심의위원, 대구 중구 사전재해영향성평가위원, 대구 서구 사전재해영향성평가위원으로 활동 중이다.

인생이란 것이 계획이나 의지대로 되지 않는다는 말이 맞는 것 같다. 그동안 살아온 내 인생도 그러했다. 한치 앞을 모르는 상황에서 때론 내 뜻대로 풀리지 않아 피눈물을 흘리기도 했다. 지금에 와서 가만히 돌이켜 보니 보이지 않는 운명의 끈이 내가 현재에 머물고 있는 이곳으로 이끌었다는 생각이 든다. 그리고 그 운명은 우연이 아닌 선택에 의해 결정된 것 같다.

나는 건설현장 근로자의 안전을 챙기는 안전관리자다. 대구 · 경북지역의 건설현장 근로자들의 생명을 지킨다는 사명감을 안고 오늘도 안전모, 안전화를 신고 현장 구석구석을 누비고 있다.

실패는 또 다른 기회

나는 계명대학교 공중보건학과에 입학했다. 그 당시 우리 세대는 학력고사 시험점수에 맞춰서 대학을 지원했는데 생각보다 점수가 나오질 않아서 원하는 학교의 수학과를 가지 못하고 담임선생님께 취업이 잘되는 과를 여쭈어 들어가게 된 것이다. 그 당시 3학년이 되면 전공을 선택하는데 임상병리학과이나 환경학과 둘 중에서 선택을 해야 했다. 그 당시 무슨 생각으로 임상병리를 전공으로 선택했는지 그 이유는 지금 내 머릿속에는 존재하지 않는다.

학과 선배님들이 전공과 별도로 자격증 취득을 위해 공부하는 걸 보고 4학년이 되자 한번 도전해보자는 생각으로 공부를 하고 시험을 봤는데 산업안전기사, 산업위생기사 자격증을 취득할 수 있었다. 하지만 그쪽으로 가기보다는 임상병리 쪽으로의 취업을 생각하고 있었다. 그런데 예기치 않은 일이 발생했다. 임상병리는 임상병리사 국가고시에 합격해야 하는데 내가 그만 떨어지고 만 것이다. 그 당시 친구들이랑 같이 열심히 한 것 같은데, 떨어진 사람 2~3명 중에 내가 그중에 한사람으로 포함이 되어 있었다.

시험에 떨어져 본적이 없던 내게 충격이었다. 나는 다시는 임상병리를 공부하지 않을 것이라고 다짐을 했다. 내가 생각해도 그 당시 자존심이 많이 상했던 것 같다. 1990년 대학을 졸업하고 당시 내가 보유하고 있던 산업안전기사, 산업위생기사 자격증을 갖고 취업을 하려고 결심했다. 이미 친구들은 모두 병원에 취업을 하거나 실습을 나가고 있었다.

1990년 2월 졸업을 하고 7월까지 5개월 동안 신문에 난 취업공고를 찾아보면서 원서접수를 하였으나 번번이 고배를 마셨다. 그 당시 대구의 몇 군데 건설회사에 원서를 넣었으나 단지 여자라는 이유로, 여자이기 때문에 면접에서 탈락하고 말았다. 그 당시 면접을 볼 때 내가 항상 외치는 말이 있었다. “남자와 여자는 원래 같은 하나의 인간인데 생활에서 부모의 교육과 환경이 남자와 여자로 만드는 것”이라고 이야기했다. 그래서 여자도 남자와 동등하게 일을 할 수 있음을 강조했으니 대구에서 나는 취업을 할 수가 없었다.

어디에 넣은 지도 모를 정도로 너무 많은 곳에 원서를 냈음에도 날 받아주는 곳이 없어 실의에 빠져있을 무렵, 7월경에 청주에 있는 주연주택건설이란 회사에서 첫 합격소식을 전해왔다. 너무 먼 거리에 있고 또 소규모 회사라서 주저했지만 일단 경험을 쌓고 경력을 쌓는 것이 중요하다고 판단하여 출근을 결심했다.

글을 쓰고 있는 지금 이 순간 그 당시를 떠올려보니 임상병리사 국가고시 실패가 내가 지금 건설안전에 몸을 담을 수밖에 없는 인생의 흐름을 만들어 준 것 같다. 실패에는 신이 부여한 또 다른 이유가 있을 것이라는 긍정적 생각으로 삶을 살아가는 것도 좋다고 생각한다.

걸으면 길이 된다

아버지가 계시지 않아 생계를 책임지셔야 했던 바쁜 어머니로 인해 어린 시절부터 나는 모든 것을 내 스스로 결정하고 행동을 했다. 덕분에 독립심과 자립심이 또래보다는 강했던 것 같다. 직장으로 인한 타 지역 생활에 어려움도 많았지만 잘 버틸 수 있는 요인이기도 했다. 더욱이 건설현장에서 일을 하였기에 병원에서 임상병리사로 일하는 다른 친구들보다는 급여는 많았던 걸로 생각된다.

나는 처음부터 현장 안전관리자로 업무를 시작했다. 지금 생각하면 그 당시의 나는 명색이 안전관리자였지 제대도 안전관리자의 업무도 모르는 상황에서 매일 왔다 갔다만 한 것 같다. 특히 그 시절 건설현장의 근로자는 좀 거칠었고, 그리고 간혹 범죄자도 있다는 이야기도 들었다. 처음으로 아파트 공사현장에서 일을 할 때 아침에 안전모를 쓰고 현장을 점검을 하는데 근로자들이 안전모를 팽겨치면서 모두 집에 간다고 했다.

나는 무슨 영문인지 알 수 없어 어리둥절했지만 이내 그 이유를 알 수 있었다. "현장에 여자가 들어오면 재수가 없어서 사고가 나니 집에 가야겠다는 것"이었다. 어이가 없었지만 그 당시 건설현장은 지금과는 다르게 안전에 대한 마음, 관리적 여건, 시설여건, 법적여건이 지금과 완전히 다른 시절이었다.

그러다 보니 현장에 나가는 것도 두려웠다. 그러나 안전관리자로서 현장을 점검을 해야 마음이 놓였기에 근로자들의 불편하고 따가운 시선에도 아랑곳하지 않고 현장에 나가서 순회점검을 실시하였다. 현장 점검에 가서는 근로자와 대화를 해야 하는데, 몇몇 근로자들이 낯을 붉히게 하는 농담을 해서 좀체로 대화를 할 수가 없었다.

그래서 할 수 없이 내린 결정이 내가 더한 이야기 더 진한 농담을 해버리고 내가 먼저 다가가는 것이었다. 그랬더니 근로자들이 황당해 했고, 마침내 웃으면서 현장점검과 근로자와 대화를 할 수 있는 여건이 만들어졌다. 지금은 현장에서 근로자 교육을 할 때 여자라서 기분 나쁘냐고 물으면 오히려 더 좋고 현장 분위기가 부드러워서 좋다고 답해 주신다.

(주)우방 - 안산역 우방아이유쉘 신축공사 관리감독자 교육

지금도 그렇지만 그 당시에도 현장의 안전관리자로 선임이 되면 인천에 있는 안전보건공단에 직무교육 신규과정을 이수해야 했다. 초행길에 처음으로 서울에서 전철을 타고, 인천에 도착하여 안전보건공단에 좀 늦게 도착을 하였다.

당시 안전공단 이사장님께서 내가 여성 최초로 안전관리자 직무교육을 받는다고 말씀해 주셨다. 그 말씀에 좀 우쭐하였지만 건설업에 그만큼 여성이 종사하기는 어려운 직종임을 다시 한 번 확인할 수 있었다. 그 이후로 모든 교육에 참석을 하면 나는 항상 홍일점이 되었다. 처음엔 그 홍일점이 부담이 되었지만, 차츰 즐기는 상황으로 바뀌어 있었다.

홍일점이라는 것이 좋은 점도 있고, 나쁜 점도 있다. 그리고 여자이기 때문에도 좋은 점과 나쁜 점들이 항상 있었다. 그래도 지금 생각해보면 나쁜 점보다는 좋은 점들이 많았던것 같다. 조금만 잘해도 홍일점이기 때문에 금방 눈에 띄었다. 그래서 다른 여성 공학도들에게도 이야기 해주고 싶다. 나쁜 점 뒤에는 좋은 점이 많으니, 그 좋은 점들을 생각하고, 설령 여성들이 없는 회사, 직종이라 하더라도 그걸 활용하라고 꼭 말해주고 싶다.

건설업은 여성의 꼼꼼한 감성으로 업무를 잘 할 수 있는 분야임에도 사회의 편견과 현장의 근무여건으로 인하여 건설업에 종사하는 건축기사, 안전기사, 토목기사는 그 당시에는 찾아 볼 수가 없었다. 여성이 건설현장에서 업무가 어려운 것은 건설현장의 모든 시스템들이 남성위주이기 때문에 더 그렇다. 남녀공용의 화장실과 세면실, 그리고 야간작업들, 현장을 점검하면 어쩔 수 없는 먼지와 콘크리트 비산물, 안전모 착용으로 인한 머리 모양 훼손 등 많은 어려움이 수반되기 때문이다.

지금의 건설현장 사무실은 조립식으로 모든 것들이 갖추어져 있고, 현장에도 여성건축기사, 여성토목기사, 여성안전기사도 심심치 않게 볼 수가 있어 시대의 변화를 실감케 한다.

한 단계를 넘으면 다른 인생이 보인다

청주라는 낯선 타지에서 4년간 직장생활을 하다 보니, 대구에서 회사 생활을 해보고 싶었다. 그래서 대구에 선배님이 계시는 회사에 이야기를 했으나 경력은 마음에 들지만 다른 여직원과 차등 대우를 해야 한다는 점에서 난감하다고 했다. 여기저기 입사원서를 냈지만 결국 합격 연락을 해온 곳은 타지인 경북 영주에 있는 (주)대원종합건설이었다. 대구에서 직장생활을 하고픈 나의 꿈은 또 이루어지지 않았다.

그러나 (주)대원종합건설은 대구 · 경북지역에서 환경 분야로 알아주는 회사였다. 그 당시 대기업 건설업체와 많은 공사를 하고 있었는데 지금의 나를 있게 한 은인 같은 회사이다. 회사는 그 당시 70여 명의 직원이 근무하고 있었고, 영주시 하수종말처리장과 폐기물처리장, 상수도시설공사와 봉화 노루재터널, 그리고 교량과 도로, 전원주택 등 많은 공사를 하고 있었다. 나는 그 공사현장을 두루 다니며 안전관리자로, 그리고 본사의 안전과장으로 많은 경험과 지식을 쌓을 수 있었다.

본사의 안전과장으로 있을 때, 기술자의 최고 단계인 기술사가 있음을 알았고, 내가 앞으로 업무 전문성 향상과 여성이라는 단점을 극복하기 위해서라도 건설안전기술사에 도전을 해야 했고, 한편으로는 나를 시험하고 싶었다. 내가 견딜 수 있는 것이 얼마만큼 될 수 있을까 생각하면서 공부를 하기로 결심 했다.

3개월 동안 매주 일요일 아침, 영주에서 기차를 타고 서울에 있는 기술사 학원에 갔다. 수업을 마치고 다시 영주로 돌아오면 저녁 12시가 넘어 있었다. 퇴근 후에 공부를 하였으나 잦은 회식과 나의 약한 의지로 흐지부지 되었다.

그러던 어느날 대구에서 토요일에 건설안전기술사 강의 하는 학원이 있다는 것을 알게 되었다. 나는 곧바로 등록을 하고 1년 동안 강의를 들었는데 그 기간 동안 퇴근 후 모든 일정은 기술사 공부하는 것으로 하고, 약속도 잡지 않고, 집안에 TV도 없애고 공부에만 집중하였다. 마음을 다잡기 위하여 마음에 위로가 되고, 격려가 되는 책, 그리고 위인전, 성공에세이, 자기계발서를 주로 읽으면서 그 책들의 글귀로 내 마음을 위로받았다. 지금도 어려운 일이 있거나, 힘든 일들이 있으면 나의 마음상황과 비슷한 책들을 읽고 위로 받고, 격려를 받는다.

그때 이후로 나는 항상 '책속에 길이 있다'라는 진리를 항상 가슴에 새기고 있다. 드디어 2000년 5월에 내가 원하는 기술사 자격증을 취득할 수가 있었다. 기술사를 취득하고 처음엔 내 인생에 변함은 없었지만, 1년이 지날 즈음에 서울에 있는 재개발 아파트 현장에 점검 나온 노동부 근로감독관 추천으로 2001년 3월에 노동부 장관상을 받게 되었고 영주에 있는 경북전문대학교 토목과 교수님 권유로 2001년 7월부터 토목과에서 건설안전 강의를 할 수 있었다. 학교에서 강의는 고등학교 때의 나의 꿈인 학교 강단에 서는 선생님이라는 꿈을 이루게 해 주었고, 나의 인생의 폭과 인간관계의 폭을 넓혀 주었다. 자격증은 현재의 나를 있게 한 인생의 계기를 만들어 주었다. 인생의 한 고비를 넘으니, 또 다른 인생이 펼쳐졌다.

지금 무엇이라도 해야 무엇이 된다

학교에서의 겸임교수, 기술사라는 타이틀은 나의 얕은 지식을 드러내는 계기가 되었고, 얕은 지식을 채울 수 있는 또 다른 것들이 필요하게 되었다. 그래서 경북전문대학교 교수님의 추천으로 경북대학교 토목과 김영수 교수님을 알게 되었고, 전공시험을 치른 후에 산업대학원에 입학할 수 있었다.

그때의 동기와 산업대학원의 동문은 내 인생의 또 다른 인간관계를 만들어 주었다. 그리고 2003년 8월에 석사 학위를 받았다. 산업대학원 토목과 동문과는 전원주택 조합을 구성하여 2017년에는 군위에 전원주택을 지어서 39세대가 같이 거주할 예정이다.

7년 동안 근무한 영주의 회사를 퇴사하고 2002년 3월에 드디어 내가 원하던 대구의 재해예방 전문기관에서 근무를 하게 되었다. 건설업의 재해예방 전문기관은 착공된 건설현장에 매월 1회 이상 방문하여 안전서류 비치상태, 안전시설물 설치상태, 개정 산업안전보건법 안내, 현장점검을 실시하는 업무이다.

하루하루 업무가 반복되다 보니, 업무에 흥미가 생기질 않았고, 내가 아는 것만 현장에 접목하여 점검을 하니 현장의 점검 내용이 비슷비슷하였다. 이런 단순함에서 벗어나기 위해서는 내가 많이 알아야 많이 볼 수가 있고, 현장에 많은 정보를 줄 수가 있을 것 같았다.

그래서 안전관리에 대한 지식을 더 쌓고자 산업공학과 박사과정을 한 학기 들었으나, 지금의 건설현장 안전관리 업무와는 너무 다른 지식과 수업으로 산업공학보다는 토목공학과 박사 과정을 하기로 마음을 먹게 되었다.

2013년 전직원 경북안전체험 교육장 교육 및 체험

2005년에 경북대학교 토목공학과 지반공학 박사과정에 입학을 하였다. 토목에 대한 지식을 많이 쌓고자 노력을 하였다. 3년 정도 전공 수업을 들었고, 박사 학위를 수료할 것인지, 학위를 받아야 할 것인지 고민되었다. 그때의 생각은 훗날 내가 박사 학위가 필요한 어떤 이유가 생겼을 때, 후회할 일은 남기지 말아야 한다는 생각이 들었다. 그래서 나는 박사 학위를 받기로 하고 논문을 쓰기로 했다.

회사 업무 마치고, 또는 업무가 일찍 끝나면 학교에 들러서 논문에 필요한 자료를 찾고, 출력하고, 관련 논문을 읽고, 논문을 작성하면서 밤을 새우곤 했다. 교수님 외에는 도와줄 연구실 학생이 없었다. 그때 교수님의 도움으로 내가 박사 학위를 무사히 받을 수가 있었다. 언제나 고맙게 생각하는 지도교수님이시다. 2010년 2월 드디어 박사학위를 받았다. 지금도 그런 마음이지만, 지금 현재 무엇이든지 하고 있으면, 언젠가 그것이 내 인생에서 반드시 쓸모가 있을 것이라고 생각한다.

2010년 11월 다니던 재해예방기술지도 기관의 사장님께서 재해예방기술지원 팀은 독립하라 하여 그 당시의 직원들과 독립을 하여 지금 현재 (주)한국안전컨설팅을 설립하게 되었고 대표이사로 재직 중이다. 경상북도 건설기술심의위원, 사전재해영향성평가위원, 하도급적정성심사위원, 대구시 건설심의위원, 여성기술사회 회원으로 활동하고 있으며, 대구 · 경북기술사 봉사단에서 봉사를 하고 있다. 그리고 감사하게도 2013년 미래창조과학부 장관상을 수상하였다.

2014년 전직원 대구시민안전테마파크 방문 및 체험

2014년 건설업 재해는 전체 재해의 26%를 차지하고 있다. 제조업 다음으로 건설업의 재해는 높다. 건설업은 다른 산업에 비하여 임시, 가시설물, 중량물, 옥외작업으로 인하여 많은 재해가 발생을 하고 있다. 이런 위험 업종에 나의 발걸음이 같은 길을 가는 여성 건설안전기술사와 앞으로 같이 할 여성 기술사에게 피해가 되지 않도록 열심히 최선을 다해 걸을 것이다.

오늘도 건설현장 교육장에서 힘차게 외쳐 본다. "무재해. 좋아! 좋아! 좋아!"

변화를 기회로
나를 찾아 나서다

박신영
Park, Shinyoung

서울대학교 수학교육과를 졸업하고 카이스트 수학과에서 확률통계 전공으로 석사 학위를 받았다. 이후 KT에 전임연구원으로 입사하여 20년을 근무하고 지난 2015년 7월 상무보로 퇴직했다. 공공행정 효율화에 관심이 많아 빅데이터 분석 전문기업인 (주)올댓데이터를 창업하여 현재 데이터 기반 행정 혁신 사업에 매진하고 있으며, 서초구청 정보화전략위원과 성남시 삶의 질 지표 선정을 위한 기술혁신교육분과위원으로도 활동하고 있다.

흔히 요즘 시대를 변화의 시대라 부른다. 엄청나게 빠른 기술 발전 덕에 사회와 문화, 제도까지 광범위하게 바뀌고 있고 이에 따라 사람까지 급격하게 변화하는, 아니 변화해야만 살아남는 시대가 된 것이다. 이러한 변화는 이를 겪어내야 하는 사람들에겐 늘 주변을 살피며 빠르게 적응해야 한다는 강박감과 피로감을 부르지만, 한편으로는 기존에 없었던 새로운 기회를 만들어주기도 한다. 잠시 돌아본 나의 짧은 인생도 이 한마디로 요약할 수 있을 듯하다. '변화는 기회다!!'

꿈과 현실은 다르다

나의 어릴 적 꿈은 수학선생님이었다. 이 문구에서 눈치 챘겠지만 나는 어릴 적부터 수학을 참 좋아했었다. 얼마나 좋아했냐 하면 책을 구하기 어려운 산골에서 학창시절을 보냈음에도 수학은 알아서 고학년 참고서를 얻어다 독학할 정도였다. 지금 생각해 보면 일목요연하게 세상을 꿰뚫는 이치와 깔끔하게 떨어지는 답을 추구하는 수학의 세계가 어린 내 마음에도 참 좋았던 것 같다.

그렇게 고등학교까지 마치고 나는 한치의 망설임도 없이 서울대학교 사범대 수학교육과로 진학을 했고, 4년 뒤 마침내 사범대학 생활의 하이라이트라는 "교생실습"을 나가게 되었다. 그런데 교생실습을 하면서 실감한 건 상상과 판이하게 다른 교육 현실이었다. 학습계획과 수업일지를 비롯해 제대로 읽히지도 않을 거면서 교장선생님의 도장 하나 받기 위해 작성해야 하는 문서가 너무도 많았다. 그러다 보니 애들을 어떻게 가르칠까에 대한 고민보다 형식적인 문서 작성에 더 스트레스를 받고 있었고, 이런 현실은 교생실습 하는 한 달 동안 내가 교사로 살아가는게 맞는지 끊임없이 자문하게 만들었다.

대학교 졸업식과 함께 교사의 꿈은 저멀리 날려 보냈다

나의 길을 찾다

교생실습을 마치면서 나는 결국 교사의 꿈을 버리고 직장에 취업하는 쪽으로 생각을 바꾸었다. 기본적으로 가르치는 걸 좋아하기는 하지만 가치를 느끼지 못하는 다른 업무 때문에 스트레스를 받는다면 가르치는 일도 온전히 즐기기 어려울 거란 판단에 서였다. 교사가 아닌 직장을 얻기 위해 나는 학교를 바꿔 카이스트 수학과 대학원에 진학했다. 당시 카이스트 수학과는 IT와 연계된 응용 과정이 많아 졸업 후 취업율이 좋다는 평판이 나 있었다. 하지만 무엇보다도 내가 끌렸던 건 현직에 계신 박사 과정 선배들이 많아 취업에 대한 현실적인 조언과 가이드를 받을 수 있다는 점이었다.

카이스트 석사 졸업 후 나는 KT에 전임연구원으로 입사했다. 하지만 첫발을 내디딘 직장생활은 만만치 않았다. 입사 당시 나는 첨단산업이었던 인공위성에 매료되어 위성사업본부에 자원했는데, 당시 직원들은 항공우주공학 내지는 기계공학과 출신이 태반이었던 그 곳에서 수학 전공자인 내가 자리를 잡기는 쉽지 않았다. 하지만 수학과에서는 늘 종이 위에 계산하고 답 나오면 끝냈던 것들을 여기서는 실제 관제에 적용하고 피드백 받는 과정이 있어 무척이나 흥미로웠다.

이런 짜릿함에 이끌려 역학방정식 해석 및 이를 자동화하는 객체지향 프로그래밍에 집중한 덕에 위성관제 영역에서 확실한 커리어를 쌓을 수 있었다. 당시 무궁화위성 1호는 발사체 문제로 연료를 과다하게 소모하여 수명이 절반 이하로 단축된 상황이었는데, 수천 억 원이 투입된 위성체를 설계 수명대로 쓰지 못한다는 건 막대한 손실을 의미했기에 KT에서는 운영 수명을 늘릴 수 있는 다양한 방안을 고민하고 있었다. 결국 경사궤도 운영이라는 새로운 관제 방식을 도입하기로 했는데 이 관제 운영 소프트웨어 개발을 내가 주도한 것이다.

무궁화위성 관제 연수 광경, 미국 Lockheed Martin사

하지만 이런 경력으로 그 자리에 머무를 수는 없었다. 무엇보다 위성은 특성상 발사하기까지는 일이 매우 많지만 일단 위성체를 궤도에 올리고 관제 프로그램도 안정화시키면 이후에는 단순 운영 외에는 특별히 할 일이 없다. 그러다 보니 자연스럽게 서비스 개발 쪽으로 눈을 돌리게 되었고, 이후 4~5년 단위로 전략기획, 개발, 운영, 사업관리 등 다양한 분야로 직무를 전환해 가면서 경력을 쌓았다.

KT는 기본적으로 2만 명이 넘는 직원을 가진 대기업이다. 직원 수가 많다는 것은 그만큼 조직이 많고 그에 맞게 역할도 매우 세분화 내지는 전문화되어 있다는 의미다. 이런 상황에서는 어느 기업에서나 조직 논리에 따라 이루어지는 일이 많기 때문에 직원 개인의 Career Path를 지켜가기란 생각보다 쉽지 않다.

하지만 뒤집어 생각하면 나름 변화가 빠른 IT영역에서 내가 원하는 일을 찾아 자유롭게 움직일 수 있는 여지가 그만큼 많았다고도 볼 수 있다. 실제 나는 이런 장점을 잘 활용하여 회사 업무 전반을 경험한 덕에 이후 사업 혁신 부서를 맡게 되었고 여기서의 공을 인정받아 당시 KT에서 최연소로 임원 승진까지 하는 영광을 누리게 되었다.

예고 없이 찾아온 변화

2015년도 들어서 내 인생도 중대한 변화를 맞는다. 20년간 근무해 온 회사를 퇴사한 것이다. 특별히 뚜렷한 계획이 있었던 것도 아니었다. 그저 팍팍해져 가는 회사생활 속에서 일에 대한 열정보다는 습관으로 대응하는 내 모습에 회의감이 들 무렵이었고, 또 20년간 쉴 틈 없이 달려온 내 자신에게 휴식이 필요하다는 생각이 강해진 시점에 일어난 변화였기에 큰 미련은 없었다. 재미있는 건 한참 회사 다닐 때에는 내가 퇴직한다는 것이 이성적으로나 감정적으로나 전혀 상상이 안 되는 이벤트였지만, 실제 나의 퇴사는 몇 장의 서류제출로 무척이나 간단하고 쉽게 진행되더라는 것이었다. 나만 어렵게 생각했을 뿐이지 알고 보면 늘 일어나고 있던 일이었던 것이다.

막상 퇴사해서 어디에 소속된 사람이 아닌 평범한 시민 입장에서 주위를 둘러보니 회사 생활 때문에 인생에서 내가 놓치고 있는 게 많았구나 하는 생각이 들었다. 직장이라는 틀에 갇혀 늘 남들보다 앞서가는 걸 당연시해 왔지만, 때로는 한발 늦게 가는 여유로움이 훨씬 지혜로울 수 있음을 새삼 알게 되었다. 무엇보다 점점 더

팍팍해져 가는 한국의 노동시장 현실에 매몰되어 가는 사람들을 볼 때면 오히려 적절한 시점에 나를 그 고리에서 빠져 나오게 만든 퇴사라는 변화가 고맙게 느껴지기까지 했다.

물론 기분이 좋지만은 않았다. 학교 졸업 후 한눈 팔지 않고 꼬박 20년을 다녔으니 어찌 보면 내 청춘을 바친 곳인데, 정작 내가 없어도 회사는 잘 돌아가는구나 싶은 게 약오르는(?) 감도 없지는 않았다. 하지만 그런 생각이 들수록 조급함은 버리고 진정 내가 하고 싶은 게 무엇인지 진지하게 고민하고자 했다. 첫 직장은 학교 졸업 후 별다른 생각 없이 남들이 가장 많이 가는 길을 따라갔지만, 이젠 정말 내가 열정을 느끼는 일을 찾아 가야 한다는 생각으로 여행도 떠나고 타 분야 지인들을 만나 조언도 듣고 하면서 생각을 정리했다.

퇴사후 가족들과 함께한 정선여행

변화는 기회다

아직도 나의 이런 고민이 끝난 것은 아니다. 다만 퇴사 이후 지역 주민으로의 삶을 살아가다 보니 자연스럽게 민생에 대한 관심이 많아졌고, 특히 행정과 관련된 돈의 흐름이 무척이나 궁금해졌다. 월급쟁이들이 그러하듯 재직 시절 고생해서 받은 월급 일부가 세금이라는 명목으로 만져볼 틈도 없이 빠져나간 걸 보며 입맛만 다셨던 기억이 있기에 과연 이 소중한 세금들이 행정 분야에서 얼마나 제대로 쓰이고 있는지 궁금했던 건 당연지사일지도 모른다.

이에 재능기부 차원에서 지자체가 하는 시민행정 프로그램에 참여하게 되었는데 그 과정에서 조금만 신경 쓰면 개선할 수 있는 부분들이 행정 분야에도 상당히 많이 있음을 알게 되었다. 아마 오랜 시간 대기업의 체계화된 시스템 속에 몸담아 왔던 나의 이력도 한 몫 단단히 했으리라. 마침 운이 좋았는지 이 무렵에 행정 분야에 공력이 높으신 지인과도 연이 닿게 되어 현재 행정 빅데이터 분석을 주업으로 하는 자그마한 회사를 창업해 꾸려가고 있다.

반추해 보면 내 인생에서 변화는 늘 있었다. 그중에는 자발적으로 택한 변화도 있었고 부지불식간 엄습해 나를 당황하게 만든 변화도 있었다. 이런 상황에서 나의 선택 기준은 한가지였다. 일단 상황에 매몰되지 말고 '뭘 했다'는 결과를 생각하기 보다는 '내가 하고 있다'는 과정을 즐길 만한 쪽을 선택하는 것이었다. 물론 때때로 "과정"과 "결과"를 헷갈려 하거나, 과거에 묶여 현재의 운신범위를 제한하는 실수도 저질렀다. 하지만 분명한 건 가만히 있기보다는 변화를 수용하고 긍정적으로 대응했다는 것이다.

그리고 내린 결론은 '내가 하고 있다'라는 과정을 즐기다 보면 결국 "무엇"이 된다는 사실이다. 나는 지금도 내가 하는 일을, 그리고 그 일의 과정을 즐기는 중이다.

강미아

Kang, Meea

경북대학교 미생물학과를 졸업하고 대구광역시에서 지방공무원으로 사회에 첫발을 내디뎠다. 영남대학교에서 환경공학석사학위를, 국가 장기해외유학파견시험을 거쳐 국비장학생으로 일본 홋카이도대학에서 환경공학 박사학위를 받았다. 국립환경과학원을 거쳐 현재 국립안동대학교 환경공학과에 교수로 재직하고 있다. 현재 환경부 중앙환경정책위원회 위원을 7년째 역임하고 있으며, 환경부 자체평가심의위원, 한국환경산업기술원 비상임이사, 낙동강구수계 수질오염총량 조사연구위원으로 10년동안 봉사하고 있다. 경상북도 투자심의위원, 경상북도 환경분쟁조정위원, (비영리법인)사람과미래환경 대표이사, 대한환경공학회 부회장겸 여성과학위원회 위원장으로 활동하고 있으며 한국교원대학교 박사과정에서 인적자원정책을 공부하고 있다.

나는 무엇을 원했던가?

대학시절, 나는 무엇이 되어야겠다는 목표나 바람이 분명하지 않았다. 아마도 성적에 적당히 맞춰간 학과에 대한 회의와, 그렇게도 꿈꾸었던 상경을 접어야 했던 환경들이 요인으로 작용했을 것이다. 구체적으로 원하는 것이 무엇인지 모른 채 막연히 추상적인 희망만 품고 지내면서도 이를 힘들어하지는 않았었던 것 같다. 왜냐하면 어떻게 살아야 하는지에 대해서는 깊은 고민을 했었고, 세상에 꼭 필요한 인물이 되는 방향으로 살아야겠다는 인생관은 정립되어 있었기 때문이다. 이런 결정 또한 직접적 경험이 아닌 책 속의 글들을 통해 얻었기에 그야말로 공짜로 얻은 간접적인 경험들이, 비록 꿈이 정해지지 않아도 그 방향성을 이해하고 받아들일 수 있도록 나를 깨워준 것이다. 세상에는 공짜가 없다는데 나는 지혜를 베푸는 선배들의 공짜 덕을 많이 봤다. 이제 이것을 내어 놓아야 할 때가 온 듯하다.

사회에서 발생하는 크고 작은 사건 · 사고들은 당사자들에게는 힘겨움을 안겨주고, 또 어떤 이에게는 기회를 주기도 한다. 1991년 3월 14일, 대구를 비롯하여 경상남북도의 상수원인 낙동강에서 페놀이 검출되어 다수의 피해자가 발생하는 사건이 일어났다. 이를 계기로 전국에서는 먹는 물에 대한 평가와 관리를 강화하여야 하는 인식이 최고조에 달해서, 사건이 발생되고 한 달도 되지 않아 대구에는 '대구광역시 수질검사소'가 발족되었고 연구직 공무원 채용이 이루어졌다.

1991년 2월 미생물학과를 졸업하고, 삶의 무대를 새롭게 꾸미기 위해 준비를 하고 있었다. 이른바 나는 백조였던 것이다. 당해 4월 초, 대구광역시에서는 연구직 공무원을 긴급히 수혈하여야 하는 관계로, 일사천리로 채용이 진행되었고 나는 5

명을 선발한 지방보건연구사(미생물 전공분야)로 공직사회에 첫발을 내딛게 되었다. 대구광역시 상수도사업본부 가창정수사업소. 1991년 6월 26일은 23살의 내가 48살에 이르는 지금에 이르기까지 25년간의 성장과 성숙을 통해 2급 두뇌로도 특급수행력을 함양할 수 있는 기회를 선물 받을 수 있는 시작의 날이었다. 수많은 사람과의 우연한 만남을 통해, 내 삶의 가치를 충만하게 하는 인연으로 발전할 수 있도록 지위고하에 아부하지 않고, 경제력에 관계하지 않으면서 성심으로 함께 하였다. 세월이 더 흘러 언젠가는 필연의 사람으로 기억되기를 바라는 마음이다. 인연이 된 귀중한 분들에게 나는, 때로는 멘티로, 또 때로는 멘토이기도 하다.

나는 보통사람, 또 가난한 사람

타고 나면서 아주 특별한 능력을 가진 사람을 신동이라고 하고, 일찍부터 활성화된 DNA로 두각을 나타내는 사람을 천재라고 한다. 보통사람들이 아닌 이들은 엘리트코스를 밟기도 수월하고 마침내 파워 엘리트로 자리를 하여 사회를 리드해 가는 그룹의 일원으로 성장하게 될 확률도 매우 높다.

삶의 무대에서는 어느 것 하나 공평한 것이 없다. 공평하지 않은 출발은 공정성이 무게를 잡아주는 제도를 만나 조금, 그야말로 아주 조금 평평해질 수 있으나 이 제도적 공정성 역시 완벽하지는 않다. 주어진 삶이 공평하지 않음을 느끼는 많은 사람들은 바로 엘리트가 아닌 보통사람들이다.

그러나 의식 있는 보통 사람들은 사회의 공정성을 추구하기 위해 힘을 보태려 노력한다. 그래야 혼란으로부터 삶의 형태를 독립시킬 수 있다고 믿기 때문이다. 이 신념은 어떻게 살아야 하는 지를 고민해왔던 대학시절의 나를 스스로 이해하고 끊임없이 노력하게 하는 힘이었다. 현실 속 삶의 무대에서는 보통사람들의 이러한 노력을 통해 얻고자 하는 꿈의 실현을 보통 이상의 사람들인 엘리트(정치엘리트와 관료엘리트를 포함)들은 욕심이라고 부른다. 보통사람들의 꿈은 엘리트가 보기에는 분수를 모르는 욕심이라고 생각한다. 그렇기에 이러한 세상에서 이를 버텨내어 줄 수 있는 비용이 들지 않는 무기가 보통사람인 나에게 필요했다.

'무엇이 무기가 될까?' 또 새로운 고민을 해야 했다. 고민은 연이어 생각을 낳았다. 나는 보통사람 중에서도 가난한 사람이다. 학연, 혈연 그리고 지연이라는 자원이 빈약하기 때문에 나는 나를 가난하다고 평가한다. 태어나 내가 하고 싶은 것을 맘껏 할 수 없는 것을 일찍이 파악한 건 불행 중 다행이었다. 빌붙어 공짜를 얻을 수 있는 혈연이 없고, 번지르르한 학벌도 없으니 딱히 학연으로 인해 공으로 또는 쉽게 기회를 잡을 사정도 아니 되었다.

이러한 풍토를 지닌 삶의 무대에서 나를 지지해 줄 특별한 어떤 연도 없었기에 내 스스로 가난하다 판단하였다. 가난한 나를 인정하는 솔직함, 가난한 환경에서 노력하는 마음을 잘 아는 덕에 나보다 더 어려운 이들에게 희망을 주려는 나의 오지랖은 확장되어 갔는지 모른다. 그리고 무언가 잘하는 것이 있을 것이라는 긍정적 사고는 내 인생 항해에서 꽤 쓸 만한 노의 역할을 해주었다. 거친 풍파를 만나 뒤로 후퇴하기도 하고, 작은 비바람에도 흔들거렸지만 세상에 소용이 되려는 꿈을 포기하지 않고 앞으로 나아가게 나를 지탱시켜 주었다. 그래서 조금씩이나마 앞으로 전진할 수 있었다. 이를 허용한 세상에 감사한다.

프로처럼 생각하고 리더처럼 행동하라

1/2, 2/4, 그리고 5/10은 모두 50%이다. 같아 보이는가? 2분의 1이면 하나만 더 있으면 집이 다 차버려 그 다음 어떤 기회가 오더라도 받아들일 재간이 없다. 꽉 찬 채로 달리는 인생의 무대에서는 친지, 친구 또는 나그네 한 사람이라도 함께 하기 어려울 수도 있다.

4분의 2인 경우를 생각해보자. 50% 찬 상태의 무대에서도 또 하나의 다른 기회를 더 기다릴 수 있으며 실행하고 성공시킬 여유가 있다. 그 기회를 수행하는 동안 이웃을 돌아볼 여유가 생긴다. 그러면 10분의 5는 어떨까. 얼핏 생각해도 2의 다섯 배에 해당하는 에너지를 가진 분모이고, 1에 해당하는 분자의 다섯 배를 가진 노력과 기회로 얻은 성공의 산물이 있으니 상대적으로 대단하게 보인다. 스스로의 노력으로 튼튼하게 확장한 분모의 넉넉함으로 위에 앉힌 분자의 질적, 양적 성장을 도모할 수 있는 결과도 얻을 수 있다. 많이 이룩하였으나 더 이룰 수 있는 기반이 튼튼한 것이니 마음만 먹으면 사회로의 환원도 조금 더 마음 편히 할 수 있지 않을까 한다.

한 사람이 더 크고 튼튼한 분모로 확장하는 노력을 하여 결실을 얻었을 때, 동반되는 기회도 증가할 확률이 높아지며 성공으로 완성한 후에는 사회에 대한 봉사와 타인에 대한 애정을 더 많이 갖게 될 것이다. 사회 구성원으로 역할과 기능을 충분히 담당할 수 있는 인격자로서의 아마추어가 되기 위해서는 상당한 수준의 질적성장이 동반되어야 한다. 프로도 아마추어를 항상 이길 수는 없는 법이지 않은가! 나는 분모확장을 통해 성장을 이뤄왔다. 세상에서 요구하는 학문의 깊이를 더해왔으며, 그 노력을 지금도 게을리하지 않고 있다.

우리는 어떤 일을 전문적으로 하거나 직업적으로 하는 사람을 프로라 부른다. 사회적 프로는 아마추어 기질 위에 제대로 된 형식을 갖추어 세상에 내놓아야하는 성과로 평가받은 사람이다. 따라서 전문가라 자신하는 사람들이 자주 그들이 프로라는 착각을 많이 하고 살지만, 사실은 어떤 형식을 갖춘 값진 성과를 달성하여 사회번영에 이바지하였는가를 살펴보면 그렇지 아니한 경우가 많다. 높은 학식으로 전문성을 지녔다고 하더라도 그가 사회적 프로라고 단정 지을 수는 없는 이유다.

프로는 살기 위해 물을 찾는 사람에게도 관심을 보여 프로의 물을 내 놓을 수 있어야 하고, 물을 내어 놓고도 삶을 유지할 수 있어야 한다. 내어 주는 물 또한 제대로 된 컵에 공손히 내어 놓을 줄 알 때 진정한 프로라고 불릴 것이다. 프로의 세계는 냉정하다. 그러나 아무리 힘이 들어도 프로에게 허위나 위선은 금물이다. 냉정함을 이기는 방법은 노력의 결실로 얻은 선(善)을 사회에 적절한 시기에 제 곳에 잘 내어놓아야 한다.

충분한 아마추어 경험을 바탕으로 분모를 확장한 후, 분자에는 소박한 듯하지만, 사실은 기품 있는 결실을 싣는 기쁨을 누리고 그 기쁨의 결실들을 사회에 하나 내어놓은 순간 진정한 프로의 길로 들어서는 것이다. 이렇게 더불어 사는 세상이 내가 꿈꾸는 세상이다.

리더, 펠로우, 팔로워가 공존하는 세상

나를 프로라 인정해 주지 않아도, 프로로 가는 길이 험하고 고단하여도 자신을 믿고 포기하지 않는 노력을 하면, 어느 누구도 쉽게 누리질 못할 성숙의 기쁨을 가까이하게 되며 이것은 높은 지위와 임금에서 얻는 성장의 기쁨에는 비견할 수가 없다. 힘이 들 때면 울어도 좋다. 어떤 잘된 판단도, 잘못된 판단도, 나의 것이든 남의 것에서 얻은 경험이든 그것은 쓰는 사람에 따라 충분한 자산이 된다. 프로는 이 자산을 잘 사용하는 통찰력이 풍부한 사람이기 때문이다.

리더십은 팔로워십과 펠로우십의 완성에 의한 역량

이렇듯 프로처럼 생각하는 한편 리더처럼 행동하여야 한다. 리더가 되기 전에, 이미 팔로워십을 충분히 실행했고, 펠로우십으로 평가를 받았는지 자문해봐야 한다. 우리가 리더라고 생각하는 사람은 사회적 성공을 거둔 경우가 대부분인데, 성공한 리더들은 사회문화를 좋은 방향으로 변화하게 하는 힘이 있는 사람들이다. 우리는 모두 제 인생의 주인공들이다. 내 인생무대는 타인의 무대와 공존하며 Win-Win 해야 한다. 이것이 정의로운 방법으로 살기좋은 사회로 발전시킬 수 있음을 명심해야 한다.

타인의 인생무대에서 구현해야 하는 역할은 자신의 THMs(Time, Human Resources, Money)과 깊은 관계가 있다(THMs 이론은 내가 창조한 것이다).

시간, 사람, 돈의 세 가지 중 내가 부담해야 하는 것이 하나라면, 예를 들어 어떤 행사에 내가 나 혼자 시간을 내어 참석했다면 나는 팔로워이다. 열심히 듣고 공부하는 시간을 내고 와 줘서 고맙다는 인사말을 들었다면 충분한 팔로워십을 발휘한 것이라 볼 수 있다.

두 가지를 부담하여야 하는 여건이라면 펠로우로서, 이 모든 것을 다 부담하는 것이라면 리더로서의 역할도 해야 한다. 완벽하지는 않지만 리더는 사회적 프로와 마찬가지로 많이 내어놓아야 한다. 리더가 반드시 엘리트이지 않을 수 있는 이유이다. 이것이 보통사람으로서 가난한 사람도 사회번영에 기여해 보겠다는 꿈을 펼칠 수 있는 근거이기도 하다.

나는 12년을 팔로워로 충실하며 펠로우 연습을 했고, 또 12년을 펠로우로 성실하며 리더의 용기를 체험하며 배짱을 얻었다. 이제 막 리더로서 시작을 하였는데 THMs이론을 실천하면서 또 다른 펠로우와 팔로워들과 함께 할 수 있는 기회의 장을 구축하는 기쁨은 매우 크다. 지나간 시간 동안 한 일들 중에 완벽한 것도 없지만 버려야 할 것은 더 더욱 없다. 모두 자산으로 활용할 수 있는 기회들로 만들 수 있는 나의 역량에 달린 것이니까.

| 전문가를 움직여라

통계로 기회위치를 파악하는 과학성

아무리 기다려도 기회가 오지 않는다고 생각이 들 때도 있다. 갑갑하고 세상 일이 나를 빼고 돌아가는 것 같은 기분이 들어 우울해 질 수도 있다. 내가 속한 세상을 잘 이해하고 있는 지를 스스로에게 물어보기 바란다. 이에 앞서 나를 잘 이해하고 있는지 먼저 확인해야 한다. 왜냐하면 자신을 제대로 이해함은 사회적 위치에서의 자신을 찾아내는 전제조건이기 때문이다. 어떤 형태로든 자신을 그려보기 바란다. 자기의 모습이 그려지면 다른 사람의 모습을 보기가 수월해지고 세상 속 자료를 판단함에 있어 자기를 중심으로 하는 객관성을 확보할 수 있기 때문이다.

2002년 당시 교육인적자원부에서는 대학교수 임용에 여성채용을 강화하고자 하는 움직임이 있었다. 여성교수 채용 시에는 정원으로 산정하지 않는 등 채용대학에 특혜를 주어 여성인재의 활용활성화를 목표로 삼았다. 그러나 지금도 그렇지만 전형적인 남성중심 사회의 대학에서 여성을 채용하는 일은 그리 흔하지 않았다.

그 당시 나는 국립환경과학원에 근무할 때로, 나에게 주어진 일의 양과 질이 나의 이상을 실현하기에는 너무나 부족하여 내적 갈등을 하던 시기였다. 절이 싫으면 중이 떠나야 하는데 마땅히 갈 데가 없어 이러지도 저러지도 못하는 상황이라고 해야 하는 그런 때였다.

2004년 가을 어느 날 아침, 안동대학교에서 정수처리 전공자로 교수를 채용한다는 공고 소식을 이메일을 통해 우연히 접하게 되었다. 그 날, 퇴근 후에 내가 가장 먼저 찾아본 것은 국내에 있는 정수처리 전공을 한 박사들의 정보였다. 나와 같은 전공자 중에서 2명은 공고나기 전 해에 대학교수로 채용되어 갔다. 나에 비해 경력이 턱없이 짧은 이들은 모두 서울대 출신이었다. 경력보다 강력한 것은 학벌이다 라고 판단할 수 있는 사회 통계자료였다.

나는 이러한 현실을 받아들일 줄 아는 보통사람이지 않은가. 이들을 제외하고 검색해보니 3명 정도로 압축되었다. 모두 비SKY였고, 나에 비해 경력은 Zero에 가까운 신진들이었다. 이러한 자료는 인터넷이 발달하여 공짜로 얻을 수 있었다. 게다가 두 사람의 신진은 모 학회에서 내가 좌장으로 있는 섹션에 신진박사로 발표를 했던 이들이었다.

適時(적시)임을 알려주는 신호였다.

합격을 예감하며 우체국 택배로 서류와 자료를 보냈다. 합격자로 최종 결정 되어 대학에 조교수로 임명된 이후, 많은 사람들이 나를 보고 선견지명이 있다고 그랬다. 나는 웃었다, 많이, 그것도 아주 많이. 어찌 나에게만 선견지명 같은 것이 특별히 있을 리가 있겠나. 삶의 목표가 정(正)의 방향으로 있어 바른 마음으로 통계자료를 읽을 수 있는 능력이 조금 더 있었을 뿐인 것을. 자료는 활용해야 자산이다. 지금도 세상 속에서 더불어 살기 위해 노력이라는 거름을 매일 쏟아 부으며, 열매를 맺을 수 있는 그때는 통계로 결정하려한다.

있는 곳에서 기본을 다하라 (화학실습 시간)

2013년 8월, 8천 명이 넘는 회원과 38년 전통을 가진 국내 최고(最古)의 환경학회인 대한환경공학회의 제19대 회장 선거가 있었다. 회원 중에 투표권이 있는 평의원은 200명 정도이다. 나는 1106번이고, 1994년 봄에 회원으로 가입하여 20년을 맞이한 종신회원이다. 38년 전통을 자랑하는 학회이지만 여성의 역할이 거의 무시되어 왔고, 이를 결정하는 힘은 온전히 남성의 몫이었다. 나는 여성의 참여를 확대할 수 있는 기회가 필요하다고 판단하였고 내가 잘 할 수 있을 것이라 확신하였다. 오랜 기간 동안 팔로워로, 펠로우로 성실히 지내면서 여러 인적자원의 특징을 파악하고 있었고, 때를 기다린 지도 오래였기 때문이다.

내가 지지한 회장후보자가 당선이 되었다. 미리 분석한 여성회원 현황은 이러했다. 8천 명의 회원 중 996명의 여성회원들이 있었고 그 중에서 나는 앞의 10명 안에 들어 1%의 선배 회원인 셈이었다. 10명 중에서도 활동이 왕성한 사람은 찾아보기가 어려웠다. 내가 여성과학위원회의 위원장을 맡아 해보겠다는 의사를 회장 측에 전했다.

맨처음 돌아온 답은 아직 젊다는 것이었다. 이것은 곧 회장의 진의를 파악해야 하는 숙제이기도 했다. 사견이지만 이제 쉰이 되는 나이를 아직 젊다라고 한다는 것은 학회의 발전을 생각하는 회장의 모습으로는 적절하지 못하다고 생각했다. 그렇다고 해서 화를 내어서는 안 됨을 잘 알고 있다. 사회적 연령(Social Age)는 나와 비슷하지만 생물학적 연령이 많은, 온전히 남성으로 이루어진 회장단의 마음을 움직여 일할 수 있는 자리를 마련해야 했다. 시험을 잘 치를 수 있으면 무엇 하겠는가! 시험 칠 기회가 없다면 소용이 없는 것을. 그렇다면 먼저 시험장을 마련해야 하는 것이다.

사회구성원으로 살아가면서 맞이하게 되는 일의 승패는 생물학적 연령만으로 결정되지 않는다는 것을 누구보다 잘 알고 있다. 나는 분석한 학회의 여성회원 구조를 정리하고, 나의 열정을 무기로 할 수 있는 일들에 대한 기획을 어필하였고 추진방안까지 제시하였다. 그리고 덧붙였다. 나보다 여성환경인들을 더 잘 이끌 수 있는 사람이 있으면 그 분을 돕겠다고 말이다.

진심이 통했다. 나를 제외한 남성회장단이 모여 회의를 한 후 만장일치로 나를 부회장에 포함하고 여성과학위원회의 위원장으로 임명하기로 했다는 후문이다. 여기에는 세 분이 나를 도운 것이 큰 힘이 되었다. 선출된 회장에게 영향력을 미칠 수 있는 고문 한 분, 회장 당선에 혁혁한 공을 세운 이사 한 분이 나와의 오랜 인연으로 나란 사람의 인격적 수준과 열정 그리고 의리에 높은 점수를 주셨기 때문에 가능했다. 또 한 분은 나보다 앞서 여성위원장직을 수행한 분의 지지회장 갈아타기도 한몫 하였다. 나는 내가 한번 말한 것에 대한 책임을 의무라고 생각하는 사람이다. 이를 신의라고 말하고, 의리로 지켜왔다. 이것이 나를 선택해준 회장단의 마음을 움직였다고 생각하고 있다. 이제부터는 일을 통해 성과로 보답하여 나를 선택한 것에 대해 후회하지 않을 결과를 도출해야 하는 것만 남은 셈이다.

사회적 통계자료인 학회회원들의 면면을 보고, 함께 활동할 1%를 발굴하였고, 사람의 좋은 점을 먼저 보는 개인특성과 좋은 관계를 오래 유지하는 노력의 결실로, 부족하지만 나와 함께 노를 저을 동지들을 찾아낼 수 있었다.

여성환경인, 여성과학인들을 위한 네트워크 형성에 중심을 두는 사업들을 수행하여 성공적인 결과로 보답하였고, 지금은 가장 활발한 위원회이며, 다른 학회에까지 영향력을 행사할 수 있을 수준으로 발전하였다.

여성과학인들이여, 타인의 노력에 큰 박수로 응원하라

나와 같은 보통사람에게 사실 기회란 놈은 그냥 찾아와 주지 않는다. 기회란 놈이 나를 제 친구로 생각하여 잠시 놀러와 주면 그야말로 감사하고 또 감사할 일이다. 어쩌면 여러분에게 기회가 주어지지 않는다고 생각하는 마음이 기회가 다가오지 못하게끔 하는 요인일 수 도 있다.

여러분이 사는 세상에서, 또는 당신이 꿈꾸는 세상에서 당신은 어떤 과거를 지나 현재를 살며 어디로 가기를 원하는가에 대해 분명해야 한다. 과거와 현재는 사회통계자료를 활용하라. 앞으로 가야 가까운 미래가 조금 보일 것이고, 저 먼 미래는 방향만 맞으면 된다. 옳은 방향이어야 하겠다. 자신의 개인적 기질을 잘 확인하여 즐거움이 있는 쪽으로의 방향을 취하고, 사회가 발전하는 방향을 더해 벡터로 결정하면 당신의 인생에 기회가 찾아와 줄 것이다.

다른 사람에게 주어지는 기회, 그것은 그 사람의 노력이라 생각하여 그 기회가 성공하기를 바라며 진심으로 응원하라. 그것은 바로 우리가 얻을 수 있는 통계자료가 되어 써먹을 수 있는 자산이 될 것이니 말이다. 게다가 당신이 다른 이에게 응원한 박수는 반드시 당신에게 돌아오게 된다. 그것이 인생의 순리이다. 당신이 통계자료로 확신을 얻었다면, 적시에 과감하게 뛰어 들어라. 이제 확신을 성공으로 완성시키기만 하면 된다. 실패하더라도 두려워하지 말라. 조금 더 참고 기다릴 수 있을 만큼 인생은 길지 않은가!

펠로우를 안고 프로를 존경하라 (제7차 세계물포럼)

박태희

Park, Taehee

1983년 충주교통대학교(구.충주공전) 건축과를 졸업하고 2011년 구미 금오공대 산업대학원 토목환경 및 건축공학과 건축구조공학을 전공하여 순환골재를 사용한 보의 휨성능연구에 대한 논문으로 석사학위를 취득하였다. 여수엑스포기술심의위원 중앙건설기술심의위원을 역임했으며 서울시 기술심의위원 경기도 기술심의위원 SH 재난안전위원 서울시 설계변경심의위원을 맡고 있다. 현재 행림종합건축 CM 감리사업부 건축이사로 강동 고덕 현장에 근무하고 있다.

엔지니어로 산다는 것

누군가의 인생을 거울 속 보듯 들여다보면 어떤 모습일까? 가끔 고민에 싸여 그런 생각을 해본 적이 있다. 얼굴 모양과 손가락 지문이 다르듯 단 한 사람도 같은 인생을 사는 사람이 없다. 모두 독특하다. 학창시절 진로를 선택할 때 엔지니어를 떠올리면 여성 엔지니어는 생존을 위한 자기의 영역을 고수하며 치열하게 사는 사람이라고 생각했다. 지질자원연구원 원장이자 여성기술사 2대 위원장이셨던 이효숙 박사님을 보며 사회적으로 얻는 성취감은 남다르게 확고한 철학을 가지고 열심히 산 결과에서 온 것이라 느꼈고 겸손하며 인내심이 강한 분들만 되는 거라고 생각했다. 도종환의 '흔들리는 꽃'처럼 어려움 속에 흔들리면서도 결코 자포자기하지 않고 여성 특유의 부드러움으로 피어나는 것이 매혹적이라 존경스러웠다.

엔지니어는 실체적이고 실존적이며 늘 현상과 직면한다. 종이 위가 아닌 현실에서 퍼득거리며 살아 움직이며 성과물을 창조하는 사람이라고 할까! 나는 100년을 또는 그 이상의 수명으로 건재하는 건축물을 기대하며 오늘도 현장에서 산다. 2017년 1월에 완성된 건축물에 들어설 입주자의 설렘을 생각하면 오늘의 이 작업장에 피어오르는 먼지도 고단함도 모두 신기루를 품은 듯 경건하게 느껴진다.

가을을 머금은 수많은 초록빛 잎들이 건설 소음을 장단에 맞춰 바람에 흔들린다. 이른 아침부터 현장은 정신없이 돌아간다. 새삼 나의 지난날을 떠올리려니 과거 단편의 조각들이 눈앞에 펼쳐진다. 언제 내가 이 자리에 서 있게 되었나 하는 세월의 흐름이 실감나게 전해지기도 한다. 감회가 새롭다.

오늘도 나는 근무복 차림으로 매 순간이 100년의 품질과 직결되어 있다고 생각하며 한순간의 방심도 허용하지 않는 엔지니어로 현장을 지키고 있다.

삶도 현장도 조화가 필요하다

삶은 동사이다. 공학인의 삶도 현장과 긴밀하게 연결되어서 살아 움직인다. 아울러 늘 앞으로 나아가야 한다. 현장을 바로 세우고 서슴없이 축척된 기술을 배우고 작업하는 사람들과 함께 조화를 이루며 공유를 통해 성장해야 한다.

三人行이면 必有我師인데 현장에서 기능공들을 만나면 그 분야에서 평생을 살아온 분들의 땀에 배인 진솔한 삶에 감동하는 일이 의외로 많다. 다양한 현장에서 굵직굵직한 공사를 경험하여 오랜 노하우를 가지고 있어 책에서 발견하지 못한 정보를 산지식으로 얻게 된다.

작업 개시전 안전구호 제창 실시 (2015. 11)

하지만 시공방법을 주관적인 판단으로 시행하려고 할 때는 수정하고 바로 정립해주어야 한다. 정확한 지식을 신뢰감 있고 확고하게 구조적인 중요성을 깨닫도록 설명하고 이해시켜 실행에 옮겨야 한다. 심심찮게 현장에서 품질우선주의와 규정 원리 원칙을 바이블처럼 생각하는 감리단과 공정과 신속한 작업성 경제성에 사활을 거는 시공사가 우연찮게 각을 세우는 경우가 허다하게 많다. 그럴 때 우리는 이런 양극으로 치닫는 의사표현 앞에서 공학적 지식과 판단으로 설명이 부족하고 물질적 사회적 경제적 요소 등 인문학적, 환경적 영향 요인까지 필요하다는 것을 알게 된다.

육아와 엔지니어의 이중주

큰아이가 세 살 무렵, 본능적인 모성과 아이가 가지는 애착관계로 눈물로 얼룩지던 때가 기억난다. 아침마다 출근할 때면 아이와의 이별식으로 녹초가 되었다. 엄마가 처음 되어봐서 겪는 일이기에 더욱 서툴렀을 것이다. 누구나 연습 없이 인생은 펼쳐지는 것이 맞다는 걸 실감했다. 아침에 어린이집에 아이를 강제로 떼어놓고 저녁에 아이를 데리러 가면 하루 종일 엄마를 부르며 울었다는 원장님 말씀을 듣고 또 한번 가슴이 무너졌다. 다른 아이는 모두 집으로 돌아갔는데 홀로 늦도록 남아 있다가 울음을 터트리며 와락 안기는 아이를 끌어안고 한참동안 마음이 아이처럼 서럽고 아팠던 기억... 여기서 멈출까? 집에와서 아이를 토닥토닥 달래며 고민하며 울먹이던 시간들... 아니 울 시간도 없이 절박한 상황도 많았다. 직장을 가진 엄마 들 중에 이런 아픔 가지지 않은 사람이 몇이나 있을까!

지금 스물일곱살 큰아이에게 물어보면 빙그레 웃으며 오히려 나를 위로한다. 그 애 맘속에 어린 날 이런 기억이 대상포진처럼 몸속에 돌아다니다가 현실 속에 성인이 되어 성격에 영향을 주게 되지 않을까 걱정스럽다.

아이 양육은 대부분 직장여성이 통렬하게 치러야 할 첫 관례다. 간절한 아이의 눈길을 외면하는 엄마의 천근만근 걸음걸이. 모성본능과 애착관계는 칼날 같았다. 아이를 가진 엄마가 겪어야 할 공통된 아픔이고 숙명이다. 육아의 일은 나에게나 엔지니어 쪽에서나 멀고 쉽게 풀리지 않았다. 요즘 직장에 어린이집을 두어 모자 간 시간과 공간을 함께 하려는 기업풍토가 여러 곳에 조성되고 있다는 뉴스를 보고 마음을 놓고 일 할 수 있는 분위기가 만들어지게 돼서 다행이라는 생각을 해본다.

일과 아이의 양육 두 마리 토끼를 잡으려는 직장여성을 위한 지원정책과 인구절벽 사태의 심각성을 감지한 정부의 활발한 부양책이 발표되고 시행되어 반가운 일이 아닐 수 없다. 어려웠던 시절과 비교하면 참으로 다행스럽다. 하지만 아직도 풀어야 할 일이 많다는 것을 안다. 아프고 시린 시간들이 물방울들로 모여서 여성 엔지니어의 바다로 가며 조금씩 조금씩 성장하리라 기대를 가져본다. 하지만 총성 없는 전쟁터에서 남성과 동등하게 여성 엔지니어들이 마음 놓고 업무에 전념하려면 가야할 길이 아직 더 남아 있다. 그때까지 후배 여성엔지니어들이 포기하지 않고 꿋꿋이 버텨주기를 바라본다.

교류를 통해 소통하고 배우다

날 좋은날 태종대에서 바라보면 일본이 보인다. 최근 정세로 보면 한국과 일본의 분위기가 영 까칠하다. 먼 친척보다 가까운 이웃이 낫다는 말이 있는데 말이다. 서로 지리적으로 가장 가까운 나라끼리 서로가 불리한 일이다.

하지만 한국기술사회의 한・일기술사 교류 모임을 통해 보면 상황은 희망적이다. 정부가 주도적인 것이 아닌 민간인 차원에서 45년간 지속적으로 관계를 길게 유지하는 것이 쉽지 않은데 꾸준하게 기술사들끼리 해마다 활발히 교류하고 있다. 매년 이 교류가 양국의 기술적 성과를 가져 오고 한・일 관계 개선에 이바지 해오고 있다. 이 두 가지만 봐도 한・일기술사 교류는 충분한 장점과 이익을 가지고 있다.

매년 한국과 일본의 유명 도시를 선정하여 회의를 개최한다. 그해 이루어진 주요 이슈 및 봉사활동과 여성기술사위원회 활동상을 발표하고 토론하는 식으로 진행된다. 기술사들끼리 상호간 개별적인 우정도 깊다. 미유끼 다까하시와 유끼 희로세와는 한국에서 여름휴가 및 재충전 시간을 함께 서너 번 보낸 적이 있다. 일상을 함께 나누니 사이좋은 친구가 되었고 기술사들간의 우정이 더욱 깊어지고 발전되었다.

특히 매일 밤 잠을 2, 3시간만 자고 자기계발에 몰입하는 올빼미형 미유끼와는 소녀들처럼 이야기하느라 시간 가는 줄도 몰랐다. 잠이 많은 나는 번번이 먼저 잠에 골아 떨어졌고 미유끼는 홀로 남겨져서 밤새도록 글과 그림으로 책을 만들어 그 다음 달 나에게 핸드메이드 책을 보여주었다.

일본의 건축구조는 지진을 대비하여 강도가 높고 품질관리가 엄격하다. 한국도 점진적으로 강성과 품질관리 분야에 지진을 염두에 두고 있다. 한쪽에서는 한국 건축구조를 일본의 그것처럼 지진을 고려하면 비경제적이라는 의견도 있다. 인천 아파트현장 콘크리트 타설 시에 미유끼가 스라브 철근 위를 뒤뚱거리며 밟고 올라서서 일본의 스라브 철근 건설현장과 비교되는 점을 알려주기도 했다. 설계 구조 시공부분과 작고 세세한 부분 그리고 작업인력의 행동반경과 지침 등 평소 생각지 못한 부분의 차이를 발견하는 시간이었다. 그 결과 우물 안 개구리에서 벗어나 더 넓은 시야를 가지게 되고 개선할 점에 눈이 트이게 되었다.

배움의 기쁨을 만끽하다

건축시공업무에 몸담고 있다 보면 건축 구조의 결핍으로 인한 갈증을 누구나 느낀다. 건축시공의 대부분은 건축구조의 안전성을 바탕으로 이루어져야 하는데 한 부분을 독립적으로 생각해서 설명하면 어불성설이 된다. 뭔가 제대로 현장을 이해시켜야 하는데 본인부터 체계적인 지식이 없으면 여러 가지로 불편하다. 그래서 건축구조공학을 배울 수 있는 대학원을 알아보게 되었다. 대학원은 주변에 경북대학교와 금오공대 두 곳이 있는데 개강시기가 맞는 곳은 금오공대였다. 구미 양호동으로 무작정 달려가 건축구조공학 전공 교수님의 연구실 문을 두드렸다. 낮에 일을 하고 저녁이면 수업을 할 수 있는 금오공대를 이렇게 만나게 되었다. 수업은 대부분 실무를 통해 이루어졌다.

논문 시험체를 실제 크기로 12개 제작하여 구조실에서 파괴하여 어느 정도 강성을 가지고 있나 확인하는 과정이 다른 어느 논문 실험보다 스케일이 장대하고 역동적이었지만 그만큼 위험하기도 했다. 국내 건축구조분야의 대가이신 금오공대 토목환경공학과의 곽윤근 지도교수님의 진지한 가르침은 2010년 봄 여름 가을 겨울 사계절을 온통 순환골재로 채우는 시간이었다.

한밤중 창밖으로 보이는 금오산 산등성이는 검고 푸르게 빛났다. 시간이 흘러 새벽이 언제 왔는지도 모르고 논문작성에 파묻혔다. 문득 고개를 들어보면 금오산이 어느새 하얗게 빛나고 새날이 왔음을 알렸다. 폐콘크리트로부터 발생하는 환경문제와 자연 파괴의 심각성을 연구하느라 분주히 바쁜 날들은 그렇게 지나갔다.

대구 달성군 다사면의 E편한세상 아파트 공사의 하루 업무를 마치면 학교로 달려갔다. 산모롱이에 하빈이라는 이쁜 이름을 가진 산골마을이 나타난다. 굽이를 몇 번 돌면 금호강을 만나고 이 강을 오른편으로 끼고 달려가면 건축구조 공학실의 교수님들께서 철근콘크리트 내진구조 탄성체역할 열역학이론 등에 대해 차근차근 열강을 해 주시곤 했다.

늘 자애롭고 신앙심이 두터우신 곽윤근 지도교수님의 영향과 정진동을 비롯한 나이어린 학우들의 헌신적인 봉사로 늦깎이 석사과정을 2011년을 며칠 남겨두고 마쳤다. 콘크리트 보의 휨 파괴와 재료, 프로젝트관리, 내진구조를 듣기위해 가던 봄길은 갓난아기 손톱모양 무수한 벚꽃비가 내려서 길가 가장자리에 수북이 싸여 있곤 했다. 잠시나마 배움의 기쁨을 만끽하는 순간들이었다.

살아 움직이는 기술과 나누는 봉사활동

2000년 61회 기술사 시험에 합격한 날은 더운 여름날이었다. 8월의 더위가 막 그 날개를 살짝 접으려고 순간. 기분좋은 소식이 전해졌다. 이렇게 연을 맺게된 기술사회의 Activity는 건축시공과 건축시공을 이어주는 다리이자 토목, 도로, 철도, 환경, 전기, 전자 등 수많은 기술사 종목들과 만남이며 기술 분야의 Big Data의 산실이다.

모든 종목의 기술사들이 하나로 어우러지는 기술사들의 허브인 한국기술사는 총체적이고 내밀한 프로세스가 흡인력이 있고 다양한 종목을 이해할 수 있는 곳이다. 초창기 박영환 청년위원장을 중심으로 청년위원 활동 등 Network를 형성하여 기술계의 르네상스를 매월 1회 업무가 끝난 후 서로 만나서 토론하고 공유하기도 했다.

2015년 대전 중구청에서 MOU 및 취락시설 점검 행사 참여 (전국여성기술사들의 참여)

2014년과 2015년에는 건설기술진흥법을 바로 잡기위한 대대적인 궐기대회에 기술사들이 참석하여 여의도 및 강남역 일대에서 우렁차게 소리 높이며 앞장서서 행진 하던 추억이 있다. 그리고 여성기술사의 봉사활동에 참가하면 소소한 기쁨을 나

눌 수도 있어 흥미로웠다. 봉사의 시간에는 몸과 정신에 땀방울 나듯 엔돌핀도 솟아났다. 남을 돕는다는 것은 나를 돕는 것이다. 積善之女性技術社에 必有餘慶이라고 할까. 한국기술사 회원은 약 4만 5천명이고 그중에서 여성기술사는 천여 명으로 2.5%이다. 여성위원회 회원은 전국에 산재해 있으며 꾸준히 정보를 교환하고 활발하게 활동 중이다. 여성위원회는 2000년 이후 해가 가면서 더욱 인원이 증가되었고 모여진 힘은 다양한 활동으로 이어졌다. 영등포 쪽방촌, 포천 제비울마을, 고양 복지시설 등 소외계층과 취락시설을 방문하여 소외된 계층과 아픔을 나누며 감성봉사 재능봉사 기술봉사를 펼쳐왔다.

강동구청 피난시설 방문으로 국민안전릴레이에 동참과 인천적십자사, 인천글로벌, 대전중구청, 한밭대학교, 국제언론인 클럽, IPC종합뉴스, 서울의원 봉사단, 자유총연맹과의 MOU 등 체결로 김숙자 여성위원장과 함께 사회융합봉사활동의 실천을 위한 첫발을 내딛기도 하였다. 2015년 대전 중구청 복지시설 점검 및 성모의 집 방문은 전국에 흩어져 있는 여성기술사들이 바쁜 일상에도 불구하고 한마음으로 이룬 봉사정신의 구현의 좋은 예이다.

2015. 4 인천글로벌, 인천적십자사와 MOU체결 (사회와 융합으로 봉사활동 착수의 첫발을 내딛음)

여성기술사들 간의 우정도 발현되었다. 이로 인해 우리사회에 기술사의 역할을 알리고 봉사정신을 실현하게 되었다. 나로서는 건설현장에서 여성동료 만나기가 쉽지 않았다. 아니 언제나 혼자였다. 여성기술사 위원회 모임에 가면 여성특유의 느긋하고 낭만적인 본성이 자연스럽게 물안개처럼 모락모락 피어오른다. 우정을 싹 틔우고 친목을 나누니 서로에게 발견되는 간극은 시간이 갈수록 좁혀지며 고운 화음을 둥글게 형성하여 웃음꽃이 만발한다.

여성은 성격상 전투적이기보다 평화지향적이다. 여성 고유의 이러한 특성은 재능기부 감성봉사로 발현되고 사회에 또한 부드럽게 전파시킬 수 있다. 우리는 이런 봉사활동을 통해 여성이 가지고 있는 무궁무진한 역량과 남성이 결코 해낼 수 없는 우리 자신들만의 숨겨진 강점을 하나하나 발견하게 되고 이러한 것이 모여서 양성평등의 실현과 사회에 이바지 하는 길을 확고히 하게 되었다.

이런 경향은 아마도 남성에 비해 상대적으로 모성애가 강한 여성이 더 자연스러우며 부드럽고 활동적이라 주위를 더욱 환하게 하여 밝은 세상을 만드는데 기여한다.

나의 활력소 일터

나의 직장은 공동주택 신축공사 현장이다. 나는 대부분의 엔지니어의 일을 공동주택에서 시공과 감리업무로 보냈다. 2015년 10월 현재 나는 강동구 고덕시영 재건축 현장 51개동 3,658세대의 현대건설 삼성물산이 시공사로 있는 고덕 레미안힐즈 스테이트에서 일하고 있다. 약 60% 공정률을 보이고 있다. 1군 시공업체를 감리하는 것은 행림에 소속되어 있는 나의 감리 인생의 가장 큰 사명감을 가지게 한다. 나의 업무는 설계도에서의 시공성 작업성을 확인 검토하고 현장에 적용시키는 일이다. 품질관리 및 자재의 사용을 규정에 맞게 지시하고 차후 입주자의 편리성과 내구성을 고려하여야 한다. 의사결정시 그때마다 예기치 않은 여러 가지 현상과 황당하게 직면하게 된다.

그리고 의견이 달라서 구성원들과 일치하지 못하고 반목하는 경우도 있다. 현장이 크건 작건 이러한 문제는 비일비재하다. 모두 보다 나은 건축물을 창조하여 세상에 내놓기 위한 각자의 개성 있는 의사 표현이라고 생각하며 사람문제 해결에 집중하면 갈등이 쉽게 해결된다.

최종 성과물은 입주자를 만족시키기 위한 품질 좋은 아파트를 건립하는 것이며 모두의 바람이기도 하다. 고객 만족을 위해 직선으로 치달을 때 한번 둥글려서 여유를 가져보는 마음가짐이 필요한 경우가 많다.

내가 소속된 행림은 설계와 감리업무에 많은 성과를 이루어서 동종 업계에서 두각을 나타내고 있다. 회장님의 최우선 마인드는 직원 조직 간의 화목한 분위기와 서로 존경하는 풍토를 만드는 것이다. 또한 이와 더불어 윤리 도덕적인 마인드를 가진 기업을 추구하신다. 특히 열악한 현장에서 고심하는 여성 엔지니어의 고충과 남다른 노력을 특별히 높이 평가하며 고용 시 양성평등에 입각하여 사고방식을 선진화 하는데도 많은 관심을 가지고 계신다.

정부가 주도적으로 진행하는 복지정책, 청년 및 여성고용 창출에 한 목소리를 내어 자발적으로 나아가는 기업이다. 2009년 행림에 입사한 후 현재까지 행림 CM감리사업부 가족들은 서로 협력하여 프로젝트를 성실히 수행해 왔다. 지나온 6년이 넘는 대부분의 시간은 동료 직원들과 밤하늘의 별처럼 수많은 대화의 시간을 함께 가졌다는 생각이 든다. 보석은 항상 소중해서 가까이 있다. 친구처럼 가족처럼 직장 동료처럼. 이보다 더 영롱한 보석이 이 세상에 있을까!

변화 끌어안기

우리 업계는 현장에서 늘 예기치 않은 문제와 만나고 변화가 파동 친다. 어제 소중한 것이 오늘 무심한 일상이 되고, 어제 가장 진보된 것이 오늘 가장 낙후되어 있기도 하다. 그뿐인가. 어제 가장 가까운 것은 오늘 오히려 더욱 멀리 있는 것도 발견하게 된다.

우리는 예기치 않은 환경에 대처하도록 훈련되어 있어야 한다. 인생이란 이렇게 아이러니하고 변화무쌍하다. 어찌되었든 사람이 사는 것은 문제의 연속이다. 그리고 나는 그 안에서 산다. 나는 종종 머리로 뛰지 않고 몸으로 먼저 뛴다. 위험하다. 순서를 바꾸어 고쳐야겠다. 하지만 건축가의 신념을 실천하기 위해 늘 현장에 있다. 고여 있는 물은 썩은 물이고, 멈추어 있는 것은 정지가 아니라 후퇴라는 것을 알았다.

생존으로만 올인하기보다 철학과 과학 인문학등 타분야를 골고루 섭렵하여 공학발전에 이바지하는 엔지니어의 확장된 역량이 필요하다. 이렇게 내면을 채우면 외면은 저절로 안으로부터 배어 나오는 엘리트 엔지니어가 되지 않을까?

엔지니어는 근육질이며 학식이 없고 장화에 진흙이 묻어 있는 사람으로 생각하던 시기가 있었다. 과거 유럽의 산업혁명 전에는 이미지가 그랬다. 스티브잡스가 청바지를, 마크저커버그가 회색티만을 고집했지만, 그런 이미지가 자신들을 의상으로부터 자유롭게 하고 놈코어(NORMCORE)로 패션을 선도하지 않았는가! 오히려 독특하게 자신을 특화시켜 표현했다. 현대에 앞서가는 사람들은 다들 실용적인 공학인이다.

힘들었지만 엔지니어 길로 잘 들어왔다고 자신 한다. 공학의 직업 라이프사이클은 인문학보다 길다. 인문학을 전공한 학교 친구는 벌써 은퇴했다. 매일 매일 건축물을 창조해가느라 고단해도 무한하게 긍정하는 마음이 분수처럼 샘솟는 시간들이 여기에 있다. 어느 누구도 동시에 모든 것이 될 수 없다. 우리 건축엔지니어는 모든 사람이 만족할 수 있는 건축물을 형성하는데 온 힘을 쏟고 이 순간에도 현장에서 뛴다. 지금까지 그랬듯이 앞으로도 우리 엔지니어는 가장 인간을 인간답게 하고 실감나게 인생을 보낼 수 있게 하는 일이라고 생각한다.

고덕시영 재건축 아파트 현장의 단장님을 비롯한 감리사업부 임직원들과 함께 (2015.09)

김 영 숙

정상을 바라지 않아도 멈추지 않고 걷는 자는 정상에 이른다

박 영 미

끊임없이 도전하고 성취하라

김 인 정

반전(反轉)이 가져다 준 행복

패기 · · · 3
꿈을 이루다

정상을 바라지 않아도
멈추지 않고 걷는 자는 정상에 이른다

김영숙

Kim, Youngsook

목포공업전문대(현, 목포과학대)건축과를 졸업하고 건설안전기술사를 취득한 후 부경대학교에서 안전공학 석사학위를 받았다. (사)한국건설안전기술사회 전문위원으로 재직하였으며 현재 건설기술사사무소 조아(ZOA:Zero Zone Of Accident) 대표를 맡고 있다. 제10기 건설교통부 중앙건설기술심의위원, 서울시강남구주택건설자문위원, 2012년여수엑스포조직위원회 설계자문위원, 한국건설기술인협회 안전분회 이사 등을 역임했으며 현재는 제13기 국토교통부 중앙건설기술심의위원, 경기도 의왕시 및 서울시 금천구 기술자문단, 한국기술사회 여성위원으로 활동하고 있다.

이 책에 들어갈 원고 청탁을 받고 과연 내가 여성엔지니어로서 세상을 바꾸는 데 힘을 보탰는지 아니면 그 정도의 역량은 있는 사람인지 한참 고민하고 망설였다. 더욱이 공학도라면 해외 유학을 다녀왔다거나 설령 그렇지 않더라도 해외근무 경험이나 대학 강단에도 서봤거나 하는 등의 뭔가 내세울만한 화려한 이력이 있어야 하는데 그렇지도 못하고 요즘 말하는 스펙이라는 게 짱짱해야 하는데 나는 전혀 그렇지가 못하기 때문이다. 그 어떤 것도 보여 줄 수 없는 '나'이지만 용기를 내 보기로 했다. 부족함 많은 내가 오늘이 있기까지의 삶이 누군가에게 작은 힘이 되어 주지 않을까하는 바람을 안고 용기를 낸 것이다. 앞만 보고 부지런히 달려온 내 인생을 잠시 뒤돌아볼 수 있는 소중한 시간을 선물 받은 것 같아 감사하다.

작은 열정과의 만남

지금까지의 나의 삶은 부유함과는 거리가 멀었다. 하지만 넉넉지 않은 유년시절에도 부모님은 동생들을 희생시키면서까지 6남매의 맏이인 나를 학교에 보내고 가르치고 하는 데는 언제나 우선순위를 두셨다. 병약하고 작은 체구를 지닌 내가 공부라도 많이 배워야 힘든 일은 면하고 살지 않을까 하는 부모님의 애틋한 사랑 덕분이었다.

하지만 나는 성적이 중간 정도로 학교에서도 표 나지 않은 학생이었다. 그다지 명확한 인생 목표를 가져보지도 않았고 무엇에도 흥미나 관심이 없는 전라남도 목포의 시골 여고생이었다. 그런 어느 날 무심코 보던 광고용 소책자 한 귀퉁이에서 여성건축가에 대한 이야기를 읽게 되었는데 그 당당한 모습과 자신감에 건축학을 해보고 싶은 강한 열망을 가지게 되었다. 내 진로가 그렇게 단박에 결정되었다. 어떤 철학이 있는 동기가 아니라 좀 허무하기는 하지만 그게 사실이었다.

때늦은 열망이 생기긴 했지만 성적이 따라주지 않으니 4년제 대학은 지원할 엄두도 못내고 2년제 공업전문대 건축과를 지망했다. 그리고 열심히 공부하여 2학년 졸업할 때는 건축기사 2급 자격증(현, 산업기사)을 취득할 수 있었다. 무엇 하나 특출나게 잘하는 것 없는 만년 중간급이었던 나에게 기사자격증은 '세상이 나를 이제는 이 세상 한쪽에 참여하여 같이 가자고 받아들이는 것' 같아 충만한 자신감과 자부심을 내 안에 가득 들게 했다. 지금까지도 모든 일에 대하여 주체할 수 없는 자신감으로 임하는 것은 이때 생성된 돌연변이적인 나의 특성이 아닌가 생각한다.

졸업 후 설계사무소에 취업을 했다. 그 시절 지방의 작은 설계사무소는 대부분 동일한 형편이었겠지만 특히 여자 기사는 거의 사무직 여직원 수준으로만 인정해주는 시절이어서 여러 가지로 근무할 수 있는 환경이 되지 못했다. 석재회사, 진단회사 등등을 전전했지만 일을 하고 있다는 즐거움과 보람이 없었다. 결국은 나의 꿈과는 전혀 다른 분야에서 일을 하면서 많은 시간을 보냈다. 그렇지만 언젠가 멋진 건축가에 다시 도전해보겠다는 열망을 가슴속에서 내려놓지는 않았다.

7전8기 도전기

내 나이 34세 되던 해 남편의 직장을 따라 부산으로 이사를 하게 되었고 몇 년 동안 일했던 다른 분야의 일을 정리하고 드디어 내가 하고 싶은 일을 할 수 있는 시간적인 여유가 생겼다. 당시에 설계사무소 업무를 위해서 향후에는 AUTO CAD 라는 프로그램을 운용할 수 있어야 한다는 나름 고급정보를 접하고 Design School에서 1년 정기 코스를 수료했다.

컴퓨터를 처음 접하고 명령어를 영문으로만 입력해야 하는 CAD버전 11(1994년)은 많은 어려움이 있었다. Drawing 도면이 사라지고 해석이 불가한 영문 메시지가 모니터에 뜨면 그대로 적어서 다음날 학원 선생님께 보여 드리면서 하나하나 익혀 나가는 억척스러운 아줌마로 변신하게 되었고 결국은 AUTO CAD 언어까지 터득할 수 있게 되었다.

수료 후 개발회사 설계팀에 취직하여 근무한지 2년째 될 무렵, 아들이 중학교 진학할 시기가 되었다. 그런데 아들의 초등학교 학습을 방치하고 있었다는 사실을 알게 되었다. 초등학교 때는 음악, 미술, 체육 위주로 인성교육에 더 치중하자는 생각이 나름 진보한 교육 방법이라 자부도 했는데 교육 현실은 내 생각과는 달랐다. 일반 과목과 균형을 이룬 올바른 학습습관을 형성하도록 해야 하는데 바쁘다는 이유로 그걸 놓쳐버린 것이다. 결국은 어린 아들을 위해 아무것도 하지 못한 엄마가 되어 있었다.

늦게 시작한 일을 놓치고 싶지도 않았고 아들의 교육도 그대로 방관할 수만은 없었다. 모든 걸 병행하면서 잘 꾸려 나갈 수 있다고 우겨보았지만 하나는 놓아야 한다는 결론에 이르자 나는 좀 천천히 가기로 마음먹고 회사를 그만두었다.

아들이 중학교 생활을 시작하면서부터 학과 과목을 일일이 챙기고 공부를 도왔다. 아들이 등교하고 난 후 나를 돌아볼 수 있는 시간이 주어졌다. 전화위복이었다. 내 적성이 설계분야가 아님을 알게 되었고 건축분야와 연관이 되는 다른 분야를 찾다보니 '건설안전'이라는 업무영역에 대해 알게 되었다. 그리고 해당 분야의 자격을 갖추기 위하여 기사자격이 있음을 알고 기술사에 도전하기로 했다. '건설안전기술사' 자격으로 건축이라는 한정된 분야보다는 더 넓은 건설이라는 큰 우리 안에 들어가서 토목분야까지 참여하고 싶은 욕심이 생겼다.

지금 생각해보면 무모한 도전이었다. 하지만 시험응시 자격 요건은 이미 갖추었으니 일단 시작해보기로 했다. 일주일에 한 번 학원 수업이 있기에 공부는 거의 집 근처 독서실에서 했다. 오전 10시쯤 독서실에 가서 중학생 아들 하교시간에 함께 귀가하여 집안일을 마치고 밤 8시쯤 다시 독서실로 가서 자정까지 공부하기를 3년 동안 반복했다. 늦은 시간 집으로 오는 길에 그날 온종일 공부한 내용을 되뇌어 보면 5개 중 3개는 기억이 나지 않았다. 답답하고 우울했다. 나의 능력으로는 거기까지 갈 수 없는 목표인가 하는 자괴감에 없던 병도 생겼다. 가슴이 두근거리고, 주변소리가 아득하게 들리는 증세 때문에 혼자서 약을 먹고 치료해 가면서 공부했다. 그만 고생하라는 지인들의 위로와 고시병 걸렸다는 주변의 놀림도 있었다.

실력과 경험이 부족했던 나는 필기시험에서 7번 낙방하고, 면접에서 1번 낙방 후 10번의 지원서를 제출하고서야 3년 만에 기술사 합격증을 내 것으로 만들 수 있었다. 내 나이 마흔 되던 해였다. 마지막 면접관이 '자신도 마흔이 넘어 취득해 열심히 활동하고 있다며 마흔의 나이를 많다고 여기지 말라'고 격려해 주신 기억이 지금도 큰 위로가 되고 있다.

내가 꾸민 내 인생의 2막

기술사 시험만 합격하면 모든 것이 다 이루어질 것이라는 막연한 기대와 성취감은 잠시였고 거기서부터가 다시 처음이었다. 소규모 건설회사에 입사하여 관리부에서 안전업무를 수행하면서 회의가 많이 왔다. 안전이 인명 존중이라는 이념을 실천하리라는 기대까지는 하지 않았지만 현실은 오직 이윤이 우선이고 생명을 위한 안전은 없었다.

건설안전에 대한 진짜 전문가가 되고 싶었다. 체계적으로 잘 배워야 한다는 생각이 들어서 편입할 준비를 하고 있던 중 뜻이 있는 곳에 길이 있다고 좋은 제도를 알게 되었다. 교육부에서 관장하는 학점은행제라는 제도였다. 기술사 자격이 전공학점으로 인정되고, 교양학점에서 부족한 일부 학점은 전문대 한 학기를 수강하여 4년제 대학졸업을 인정하는 학사자격증을 받았다. 그런 후 부경대학교 산업대학원

안전공학과 건설방에 진학할 수 있었다. 모든 과정이 고생이었다. 영문 챕터 하나를 지정 받아서 수업을 진행해야 하는 과정들은 너무 버겁고 힘들었다. 언제나 부실할 수밖에 없는 내용으로 진행하는 것이 부끄럽고 죄송하였지만 지도교수님의 격려와 후배님들의 도움으로 5학기 만에 졸업할 수 있었다.

대학원을 졸업하고 건설안전전문기관에서 안전업무를 시작했다. 안전관리자 미선임대상(공사금액 건축:120억이하 토목:150억이하) 현장을 매월 1회 점검하고 안전을 확보할 수 있는 방법을 지도 · 조언하는 업무였다. 부산 · 경남, 대구 · 경북 지역 현장들을 점검하기 위하여 장거리를 이동해야 하고, 점검하는 중에는 쉬지 않고 많이 걸어야 하기 때문에 고된 업무였다. 하지만 즐겁고 보람을 많이 느끼는 시간들이었다.

그러던 중 (사)한국건설안전기술사회 교육기획부에 근무할 수 있는 기회가 되어 서울로 옮겨왔다. (사)한국건설안전기술사회는 우리나라 건설안전 분야를 최전선에서 이끌어가는 최고의 전문가들이 모여 있는 곳이었다. 건설안전에 대해서 수준 높은 단계를 접할 수 있는 기회로 내게는 큰 행운이었다.

건설안전은 건설하는 구조물 자체의 안전과 구조물을 건설하는 과정에 근로하는 작업자의 안전 그리고 완성된 구조물 생애기간의 안전으로 구분되어 분야별 관련법이 제정되어 있다. 건설하는 과정 중에서 목적물의 안전성을 확보하기 위해 건설기술진흥법, 근로자의 안전을 위해서는 산업안전보건법 그리고 완성된 구조물의 생애 주기를 관리하기 위해서 시설물안전관리특별법을 적용받는다.

나의 주 업무인 건설현장 안전컨설팅과 안전교육 업무는 건설기술진흥법과 산업안전보건법의 적용을 받아 건설 작업이 진행 중인 현장의 시설물 안전과 근로자 안전을 확보하기 위한 관리적인 부분을 점검하고 확인하여 대책을 제안하는 일이다.

안전컨설팅이란 건설현장에서 직접 외부 전문 업체의 시각으로 현장의 안전 활동의 전반적인 부분 즉, 안전성 확보를 위해 설치된 안전시설물의 상태와 실태 그리고 안전관리 활동에 대한 현황을 파악하고 최상의 방법을 제시받기 위한 현장의 자율적인 안전 활동이다.

그러다보니 주로 대기업에서 실시하고 있어서 소규모 현장들을 점검하던 내가 갑자기 대기업 안으로 들어가는 일이 쉽지만은 않았다. 건설현장 안전컨설팅 업무로 인해 현장에 여자가 팀장이 되어 들어간 것은 최초의 일이었다.

내가 건설 현장에 들어갔던 첫날의 일은 지금도 생생히 기억한다. 입구에 첫 발을 내디뎌 들어서는 그 순간부터 나오는 순간까지 긴장의 연속이었다. 정말이지 긴장의 끈을 놓을 수가 없었다. 여자가 투입된 적이 없으므로 현장의 눈들은 온통 호기심어린 눈으로 나를 주시하고 있었고, 나는 최소한 남자 못지않다는 평가는 받아야한다는 생각에 더 세심하게 안전 실태를 점검하고 긴장을 감추며 당당하려고 애를 썼던 것 같다. 무엇보다도 여성 불모지인 건설현장의 빗장을 열고 들어선 나의 걸음을 따라 뒤쫓아 올 훌륭한 여성 후배들을 위해서 더 잘해야 한다는 책임감과 부담감이 나를 단련시키고 성장시켜주는 원동력이 되었다.

| 함께 일하는 분들과 함께

나는 키가 아주 작다. 하지만 작은 키를 고민해보지는 않았다. 신은 만인에게 공평하시니 내게도 분명히 특별한 하나를 주실 거라는 확신이 있기 때문에 고민하여 마음을 낭비하지 않았다. 건설현장에 들어가기 위해서는 필수적으로 착용해야 하는 안전화가 사이즈가 없어서 동료 직원이 어렵게 구입해준 작은 등산화를 신고 다녔다. 남성용의 안전모도 너무 커서 끈을 조이다 보면 뒷부분 3분의 1은 언제나 떠있는 우스꽝스런 모습이었지만 그래도 덩치 큰 남성들과 건설현장을 누비고 다녔다. 수십 개 동 20~30층 아파트 현장도, 높은 산 위의 가파른 터널 갱구작업 구간도, 여름날이면 달걀이 익을 만큼 뜨거운 교량현장의 스틸박스 위도 나에겐 장애가 되지 않았다. 여자라는 차별도 받았지만 개의치 않았다.

처음 안전업무를 시작할 때는 점검자가 여자라서 오전에는 현장 들어가는 걸 거부해서 오후에만 들어가기도 했고, 지하철 현장 점검을 위해 땅속 수십 미터까지 내려갔는데 막장(터널 굴착 작업구간) 구간은 여자가 들어가면 불길하다고 하여 거부당한 적도 있다. 워낙 민감한 작업이라 이해는 하였지만 이제는 추억 속의 이야기가 되어버렸다. 빠른 속도로 변화하는 시대는 건설현장에서의 그러한 사소한 부분까지도 변화시켜 지금은 어디를 가든지 그런 불편은 없어졌다. 참 다행스러운 일이다.

나만의 비밀병기

대부분 남성 전유물이었던 분야에 여성이 진출하게 되면 남성들 틈바구니에서 동일한 업무를 수행하기위해서 어느 만큼은 남성화가 되는 건 자연스러운 일일 수도 있다. 하지만 나는 가장 여성적인 면이 남성들 업무영역에서 우리 여성들의 비밀병기라 여긴다. 특히 여성 진출이 적은 분야에서 더욱 유리하게 작용하리라 본다.

나의 업무 영역에서 나는 빈틈없는 예리한 점검자가 되도록 노력했다. 하지만 위험을 발견하면 지적하고 지시하는 이전의 방식과는 달리 현장의 최고책임자로부터 하도급 업체 관리자까지 함께 참여하여 토론할 수 있도록 강평시간을 토론의 장으로 변화시키고 최선의 합의가 도출되도록 의견차의 간격을 좁혀주는 역할만 했다

반응은 상당히 긍정적이었다. 다시 방문했을 땐 전보다 더 적극적으로 협조해주었고 그건 내 업무의 성공과도 직결되었다. 재해발생 비율은 천재는 2%, 불안전한 상태 10%, 불안전한 행동 88%로 구성되어 있다. 불안전한 상태나 불안전한 행동을 개선하기 위해 정부나 기업의 지속적인 노력으로 재해율은 선진국 수준에 근접하도록 낮아졌다. 하지만 하락하던 속도가 어느 수준에서 주춤하고 있는 지금은 기술과 시설로 인한 노력의 한계를 드러내고 있다.

그것은 곧 시설이나 장비보다 사람의 안전행동이 더 중요하다는 반증이다. 안전기법과 안전시스템이 아무리 고도화되고 선진화되어도 근로자 한사람의 행위 하나가 큰 사고를 일으킬 수 있는 중요한 요소이기 때문이다. 그러므로 위험에 노출되어 작업하는 근로자들 스스로가 자신의 행동을 통제할 수 있는 능력을 이끌어 낼 수 있는 충분한 지식과 동기부여가 필요하다.

나는 어느 분야이든지 안전업무는 여성의 몫이라 생각한다. 그중에 특히 건설현장은 더욱 그렇다. 건설현장의 작업자는 사회구성원으로서 낙오자가 마지막 가는 곳이라 여기는 인식 때문에 사회적 약자라는 피해의식이 거친 모습으로 나타난다. 하지만 그들의 자존감을 인정할 때 그들만큼 순수한 감성도 찾기 힘들다는 것을 나는 경험했고 자신할 수 있다. 작업자의 행위를 결정하는 능력을 향상시키기 위해서는 올바른 교육 내용이 필요하고, 지적하여 가르치는 것보다는 그들 편에서 들어주고 이해해주는 친구로 무장하여야 한다. 그러기에 여성 특유의 따뜻함과 섬세함이 필요하고 이는 곧 비밀병기가 되는 것이다.

가장 낮은 곳에서 빛나는 리더이고 싶다

원대한 꿈을 가지고 있지는 않았지만 주어진 시간과 여건 속에 충실하다보니 그곳에 꿈이 있고 희망도 있었다. 한 단계 한 단계 올라가는 것을 사람들은 대단하다는 한마디로 갈음하지만 걸어야하는 자신에게는 험난한 여정일 것이다. 그렇지만 생각에 생각을 더하고, 한결같은 노력으로 걸어가면 된다. 예측할 수 없는 수많은 장애를 만나지만, 그 또한 가는 길에 동행자라 여기고 함께 가다보면 이미 내가 구릉을 넘어와 평지에 있거나, 그 장애가 덧살이 되어 함께하는 기쁨을 누리는 행운을 만나게 된다.

교량 건설현장의 스틸박스 거더 위에서 안전상태를 점검하는 모습

지금은 건설현장의 안전업무를 주업무로 회사를 창업한지 횟수로 5년째이고 내 나이도 어느덧 오십대 중반을 넘어섰다. 지난 시간을 되돌아보니 여자여서 힘겨운 시간이 없지는 않았던 것 같다. 남자 동료보다 2~3배 정도는 많은 일을 해야만 겨우 인정받고 퇴근 후 같이 어울려 술을 마시고 친분을 쌓는 남자동료들과 똑같이 어울리지도 못하니 불리한 부분이 많았다. 하지만 나는 믿었다. 나를 인정해주는

세상은 이 조직이 아니라 세상이라는 걸. 지금 이 업무영역에서 이렇게 건재할 수 있음이 증거가 아닌가. 조직에는 여자와 남자로 구분할 수 있지만 더 넓은 세상에는 동등한 사람만 있다는 걸 내 뒤에 걸어올 여성 후배들이 기억해주었으면 한다.

이제 또 새로운 꿈이 생겼다. 건설현장 근로자 안전을 위해 지식보다는 마음으로 다가가는 교육기법을 개발하여 근로자 한 사람 한 사람이 삶의 현장에서 행복할 수 있도록 손을 잡아주는 사람이 되는 것이다.

건설현장의 안전교육은 법적으로 정해진 시간은 채워야 하기에 시행은 하고 있지만 형식적이고 근로자 안전을 위해서는 크게 도움이 되지 않는다. 다행이도 2009년부터 정부에서 시행하는 기초안전보건교육이 마련되었다. 건설현장의 근로자는 현장에 투입되기 전 기초안전보건 교육 4시간을 이수하여 고용노동부 산하 안전보건공단에서 인증하는 이수증을 소지하여야 투입되는 제도이다. 이전 회사에서 이 사업에 참여하여 기초안전보건교육 강의를 하게 되었는데 이를 계기로 나는 우리나라 건설현장의 안전교육 방식이나 내용들이 반드시 변해야 한다고 확신했다. 언젠가 4시간 교육을 마치고 나오는데 허름한 작업복의 근로자 한사람이 인사를 건네 왔다. 감사하다는 첫마디와 함께 이전에는 잘 몰라서 그랬는데 이제는 더 잘할 수 있을 것 같다고 했다. 알맹이 없는 교육. 무엇이 위험하고 그 위험에서 안전하기 위해 어떻게 무얼 해야 하는지 그 쉬운 것을 그동안 우리가 제대로 알려주지 않는 것이다. 그래서 그 일을 내가 하고자 한다.

시간을 되돌려 다시 시작한다 해도 나는 여자이고 싶다. 그리고 이 일을 선택하고 싶다. 지난날 내가 작은 책자의 한 귀퉁이에서 열정을 얻을 수 있었듯이 나의 이야기가 누군가의 열정에 보탬이 될 수 있기를 바란다. 그리고 그런 누군가를 힘차게 응원한다.

박영미
Park, Youngmi

한양대학교 수학과 및 건축공학과를 졸업했으며, 동대학원에서 건축구조 전공으로 석사와 박사학위를 받았다. 건축구조기술사 자격을 취득하였으며 한양대학교 박사후연구원을 지냈다. 한양대학교와 세종대학교 건축공학과 겸임교수를 역임했으며, 현재는 두산건설 기술연구소 차장으로 재직 중이다. 국토해양부 연구과제인 '지진 및 기후변화 대응 소규모 · 기존 건축물 구조안전성 향상 기술개발' 연구단에서 공동연구책임자와 의정부시 건축심의위원으로 활동 중이다.

youngmi.park@doosan.com

꿈 꿀 수 있다면 실현시킬 수 있다고 월트디즈니는 말했다. 그러나 꿈이 현실이 되기 위해선 반드시 도전이 필요하다. 도전은 나를 변화시키고 세상을 바꾸는 힘이 된다. 돌이켜보면 지금까지의 내 삶도 도전의 과정이었다고 볼 수 있다. 수학전공에서 건축학과로의 도전, 건축설계, 건축구조, 건축시공 등 여러 분야에 대한 도전, 새로운 목표에 대한 도전, 남이 가지 않은 길에 대한 도전...

그러느라 지금의 자리에 오기까지 참 많은 길을 어렵고 힘들게 돌아왔다. 그렇지만 그 과정들은 버릴 것 없는 좋은 경험이자 훌륭한 배움터였고, 내 성장의 디딤돌이 되어주었다. 나는 대학에서 수학과를 졸업하고 건축공학과로 편입해 학업을 마쳤다. 건축설계와 구조설계 두 분야에서 실무 경험을 쌓고 가정생활과 병행하며 석사와 박사 학위를 취득하고 기술사에도 도전해 합격했다. 현재는 건설회사에서 구조엔지니어와 구조관련 연구업무를 겸하고 있다.

건축분야는 설계, 구조, 시공, 시공관리(CM), 설비(기계, 전기)분야 등 실제 건축물이 지어지는 과정에 포함된 모든 기술을 포함한다. 그 가운데 나는 건축물의 뼈대에 해당하는 구조분야에서 일하고 있다. 구조분야는 설계, 엔지니어링, 그리고 R&D 등 다양한 세부분야로 진출할 수 있다. 지금은 여성들의 공학 분야 진출이 많아졌지만 내가 건축을 전공으로 결정했을 무렵만 해도 건축분야 가운데서도 구조분야는 특히 여성들이 많지 않았고, 현재도 마찬가지다. 부족하지만 나의 이러한 도전의 경험들이 후배들에게 간접 체험과 더불어 용기와 희망을 줄 수 있기를 바란다.

운명을 결정지은 도전

어린 시절, 나는 미술과 수학을 좋아하는 지극히 평범하고 내성적인 아이였다. 수학 성적도 나쁘지 않았고 그 쪽에 흥미도 있었기에 대학 진학을 결정해야 할 시기에도 큰 고민 없이 수학을 전공으로 선택했다. 막연히 수학선생님이 되어볼까라는 꿈은 갖고 있었다. 대학문에 들어서고 보니 나와는 다르게 목표도 뚜렷하고 자신감 가득 찬 과 동기와 선후배들을 보면서 내 자신을 반성하게 되었다. 이렇게 생각 없이 지내다가는 이들의 들러리 인생밖에 안 될 것 같아 조바심이 일었다.

나를 변화시켜야겠다는 생각에 일단 성격부터 바꿔보자 결심하고 학과와 동아리 모임은 모두 찾아다니며 많은 사람들과 어울리려고 노력했다. 이때 시간과 돈을 투자한 건 물론 술도 엄청 마셔댔지만 결과는 성공적이었다. 사람들과 소통하는 법을 알게 되니 어울리는 것이 즐겁고, 성격도 적극적으로 변했다. 그러면서 자신감도 갖게 되고 세상을 바라보는 눈이 달라지기 시작했다.

대학시절 한 동안 공지영 씨의 「무소의 뿔처럼 혼자서 가라」,그리고 전여옥 씨의 「여성이여, 테러리스트가 되라」와 같은 페미니즘 책들에 빠져있었던 적이 있었다. 세상에 전투적이고 공격적이지만 솔직하다는 느낌을 주었다. 막연히 다른 여성들과는 차별되는 성공적인 삶을 원하고 있으면서 구체적이거나 명료하지 못했던 나의 목표와 목적에 대해 성찰하게 되는 계기가 되었다. 그러면서 수학선생님보다는 더 매력적인 직업을 생각하게 되었다.

대학 3학년, 살고 있던 낡은 집을 다시 짓게 되었고 철거, 설계, 시공하는 일련의 과정들을 지켜보면서 많은 생각이 들었다. 좋아했던 미술과 현재 전공인 수학을 모두를 살릴 수 있는 직업이 바로 이 일이다 싶었다. 수학과에서 건축과로 편입한 선배를 수소문하여 건축과에서 하는 수업들과 진로에 대한 경험담과 조언을 들었다. 건축은 꼼꼼하고 섬세한 성격의 여성의 적성과 잘 맞기도 하고, 실력만 있으면 남녀차별은 받지 않을 뿐더러 직업에 대한 정년이 없는 분야라는 말이 상당히 매력적으로 들렸다.

건축을 해야겠다는 마음을 굳힌 후 4학년부터 공과대학에서 건축 관련 수업을 찾아 들었고, 수학과 졸업과 동시에 같은 대학의 건축공학과에 편입학하였다. 설계, 구조, 시공, 재료 등 강의를 들으면서 다양한 설계 프로그램을 고민하고 건축 모형을 만들고 부시면서 반복된 밤샘 작업들과 교수님들께 듣는 적나라한 비평들은 그 과정 하나하나가 큰 즐거움이었다. 건축물의 디자인과 기능에 맞는 프로그램을 찾는 과정과 구조해석 및 설계를 해결하는 과정은 수학에서 문제를 풀어가는 과정과 크게 다르지 않아 다소 수월하게 수업을 받아들일 수 있었던 것 같다.

공부가 재미있으니 자연스레 열심히 하게 되고 수학과에서도 받지 못했던 상위 10% 성적우수자에게 주어졌던 장학금도 받을 수 있었다. 또한 교내 건축과 졸업전 장려상과 대한민국건축대전 입선 등의 수상은 내 자신감을 더욱 북돋워주었다. 하지만 내가 마음먹은 대로, 계획한 대로 되지 않는 게 세상이라고 했던가! 졸업 후 멋진 건축가가 되겠다는 내 앞에 예기치 않은 복병이 기다리고 있었다.

피할 수 없다면 즐겨라

졸업 직전 IMF사태가 터진 것이다. 출근하기로 한 대형건축사사무소의 입사 취소 연락은 청천벽력이 따로 없었다. 더 이상 좋은 조건의 직장을 선택할 기회도 없을 것 같고, 이 시기를 놓치면 한동안 취업은 계속 어려울 듯싶어 마음이 조급해졌다. 그래서 졸업설계 작품에 관심을 보이셨던 한양대학교 겸임교수이신 ㈜건축연구소 탑의 최영집 소장님께 무작정 포트폴리오를 들고 찾아갔고 그 자리에서 채용 결정이 내려졌다. 지금 생각해보면 어떻게 그런 무모한 행동을 취할 수 있었는지

내 자신이 의아스럽기도 하지만 도전하지 않았다면 어땠을까 싶다.

당시 취업이 어려워 함께 졸업한 일부 졸업 동기들은 건축분야가 아닌 다른 분야로 취직을 하기도 했다. 건축연구소 탑은 소규모 아틀리에 사무실이다 보니 수습을 마치기가 무섭게 프로젝트 매니저를 맡아 몸으로 부딪히며 하나 둘 업무를 배울 수 있었다. 하지만 100만원도 안 되는 월급, 끝없는 밤샘과 주말 작업, 그리고 인간관계에 힘들어하던 입사동기들이 1년을 못 견디고 모두 퇴직하고 혼자 남을 만큼 힘든 시절이기도 했다. 그러나 이런 생활을 버티다 보니, 여자라서 안 될 것도 없었고 마음만 먹으면 못할 것이 없다는 자신감을 갖게 된 큰 기회이기도 했다.

주변을 살필 만큼 여유가 생기자 여자 선배들의 생활이 보였다. 주변의 도움 없이는 결혼과 육아, 그리고 직장생활을 지속하기는 쉽지 않을 것 같았고, 특히 '정년 없이 일할 수 있는 직업인가?', '내가 이 분야에서 성공할 수 있을까?'라는 의구심이 자꾸 들기 시작했다.

당시 이 회사에서는 교회설계에서 장경간의 예배당 지붕구조로 철골 트러스 대신 Gluram 목조구조를 자주 사용했는데, 이 구조는 별도의 마감 없이 재료를 그대로 노출시킬 수 있기도 하여 그 구조미를 살릴 수 있었다. 이 같이 구조미를 건축에 살릴 수 있는 구조분야는 수학과 물리학이 합쳐진 학문으로 수학전공자인 나에게 매우 유리한 분야임이 틀림없었다. 실력만 갖추면 혼자서도 충분히 업무가 가능한 분야로 정년도 없다는 사실이 시간이 지남에 따라 더욱 매력적으로 다가왔다. 20대 후반, 결국 건축설계를 그만두고 구조분야를 진로를 바꾸어 다시 도전하기로 했다.

또 다른 도전을 꿈꾸다

구조분야로 전향하면서 대학원 진학과, 구조설계 사무실 취업을 동시에 알아보았으나, 건설경기가 나아지지 않았던 상황이라 신입을 뽑는 곳은 거의 없었다. 그러다 눈높이를 낮추고 소규모 구조설계 사무실에 면접을 보게 되었다. "예전에는 구조전공자를 구할 수 없어 수학과 전공자를 데려다 공부시켜 키운 경험도 있어요. 구조는 수학과 크게 다르지 않고 건축설계 경험도 있고 하니 금세 적응할 수 있을 테니 함께 일해 보시죠." 소장님은 흔쾌히 입사기회를 주셔서 구조실무를 시작하게 되었다.

단독주택 등 작은 규모부터, 공동주택, 교회, 고층빌딩, 공장 등 다양한 용도의 설계업무를 경험하면서, 확실히 배우는 속도가 빠르다며 인정을 받는 기쁨도 느낄 수 있었다. 신축건물의 구조설계 역시 재미있었지만, 설계대로 시공되지 않아서 생기는 문제점 그리고 현장여건 때문에 당면하게 되는 문제점 등을 해결하기 위한 구조변경, 상세 등 해결책을 제시하여 반영되는 것은 매우 보람 있는 일이었다.

그러나 4년간 100여 개의 건축구조설계 및 안전진단 프로젝트를 수행하면서 익숙해진 구조설계 업무는 더 이상 흥미나 보람, 성취감을 주지 못했다. 오히려 실무에서 어렵게 느껴졌던 부분들에 대해 건축 구조의 이론적인 부분이 더해진다면 그 부족분을 채울 수 있을 것이라는 생각이 들었다. 따라서 좀 더 전문적인 지식을 쌓아 부족한 부분을 채우고, 넓은 시야를 갖고자 대학원에 진학해야겠다는 결정을 내렸다. 당시 이미 결혼도 한 상태에서 직장까지 그만두고 다시 공부를 한다는 일은 결코 쉽지 않은 결정이었다. 하지만 구조실무를 하면서 얻은 다양한 실전경험과 자신감 등은 나를 다시 새로운 도전의 무대로 오르게 했다.

대학원 생활은 입학부터 만만치 않았다. 지도교수님조차 30대 기혼자인 내가 혹시나 면학 분위기를 해치는 요인이 될까 싶은지 이 핑계 저 핑계로 입학을 만류하는 듯 했지만, 나는 아랑곳하지 않고 입학시험을 치렀고 나의 끈질김과 절실함 덕분인지 입학장학생으로 합격하였다. 그러나 아침 9시 출근, 밤 10시 퇴근의 연구실 일과와 한참 어린 연구생들과의 생활에 적응이 쉽지는 않았다. 밥과 술도 자주 사고, 귀찮고 하찮은 일이라도 내가 먼저 하겠다며 나섰다. 잘 지내기 위하여 나름 노력하고, 수업과 연구에 집중하며 모범을 보이자 이러한 문제들은 시간과 함께 해결되어 갔다.

학문을 깊이 있고, 빠르게 이해시켜준 실무경험 덕분에 동기들 보다 1년이나 빨리 논문을 썼고, 졸업 전에 SCI 국제학술지에 논문을 제출하기도 하였다. 이런 성과에 석사 졸업을 앞두고 지도교수님은 박사과정을 하거나 유학을 가는 게 어떠냐는 권유를 하셨고, 결국 학비와 생활비를 포함한 지원을 약속 받아 박사과정에 지원하게 되었다.

위기는 또 다른 기회

박사 과정 입학 면접을 며칠 앞두고 덜컥 첫째 임신 사실을 알게 됐다. 시댁은 지방이고 친정엄마는 돌아가셨고, 여러 가지 여건상 출산과 학업을 병행하는 것은 도저히 불가능해 보였다. 교수님 기대에 실망을 드릴 것 같아 속상했고, 임신한 상황에서 취업은 더더욱 불가능해 보여 앞이 캄캄했다. 그날은 눈물로 밤을 지새운 것 같다. 이런 내가 안쓰러웠는지 남편은 "낳기만 해! 키우는 건 내가 할 테니 당신은 하고 싶은 만큼 공부해!"라는 말로 주저앉을 뻔한 나를 다시 일으켜 주었다.

그러나 박사과정 입학 후 교수님께 임신 사실을 고백했을 때, 축하한다고는 하시지만 아쉬워하는 표정을 엿볼 수 있었다. 죄송하기도 하고 한편으로는 오기도 생겼다. 부른 배를 안고 서울에서 안산 구조실험실까지 구조성능실험을 다니면서 하나 둘 프로젝트들을 성공적으로 마쳤고, 논문 성과도 부족하지 않게 만들었다. 박사과정 2년째에 둘째 임신 사실을 알고도 교수님 모르게 건축구조기술사 취득에도 도전했다. 둘째까지 낳고 나면 도저히 시험 준비를 할 수 없을 것 같다는 생각이 들었다. 입덧 때문에 힘이 들었지만 주중에는 연구실에서, 주말은 학원에서 보냈다. 그 결과 둘째 출산 한 달 만에 본 기술사 1차 시험에 합격하였다. '이때가 아니면 못한다'는 절박함이 엄청난 집중력과 끈기를 발휘하게 한 것 같다. 3년 6개월 만에 아이 둘을 출산하고 박사학위 취득, 구조기술사 시험에 합격을 했다고 하면 모두들 혀를 내두른다.

박사학위 받던 날 사랑하는 가족과 함께

덕분에 지도교수님의 1호 박사가 되었고, 자랑스러운 제자가 되었다. "구조를 전공하는 여학생들의 롤모델이 될 수 있도록 자기관리를 계속 열심히 했으면 좋겠다"고 하셨던 교수님 말씀은 가끔은 안주하고 싶은 내 마음을 채찍질 하곤 한다.

2009년 박사 학위를 받았지만 국내 경기 여건은 나아질 줄 모르고 여전했다. 잠시 오르막길을 걷던 건축경기는 글로벌 경제위기로 인해 취업의 문은 다시금 좁아지고 있었다. 교수 또는 연구원의 길이냐, 엔지니어의 길을 걷느냐 선택의 기로에서 약 1년을 고민한 것 같다. 그러다가 우연히 대기업 건설회사의 구인 공고를 보게 되었다. 조건은 내가 적임자라는 생각을 번뜩 들게 하였다. 연구R&D분야로서 박사학위, 초고층 구조 시스템에 대한 연구 경험과 현장기술지원이 가능한 실무 경험을 요구하고 있었다. 사실 이때까지는 남녀차별로 손해 보거나 위협을 느끼지 못했었다. 그런데 이 회사의 1차 실무 면접을 무사히 마치고 올라간 2차 임원 면접에서 "결혼도 했고 아이도 있는데 야근은 어렵지 않나? 문제없다고 말은 하겠지만 대체 무얼 믿고 뽑아야 하나?"라며 사장님이 임원들에게 말씀하시는 걸 듣는 순간 당황스러웠다. 당시 2차 면접대상자는 국내 최고학부 남성 박사와 나뿐이었는데, 합격자를 결정해 놓고 면접을 보는 게 아닌가 싶은 생각이 들었다. 그렇다고 그대로 포기할 순 없었다. "저는 3년 반 만에 박사학위를 받았고, 그 기간에 아이 둘을 낳고, 기술사시험에도 합격했습니다. 필요하면 야근이든 철야든 해서라도 주어진 일을 충분히 마무리할 자신 있습니다"라고 말을 당당히 던졌다. 면접장 내에 순간 정적이 흘렀다. 결과는 합격이었다. 나중에 들은 얘기지만 면접 결과도 영향을 주었지만, 실무경험과 기술사 자격에 큰 점수를 주었다고 한다. 예전과 다르게 이제는 능력이 있고 도전하는 여성들에게도 충분히 기회가 주어지는 시대가 왔다는 생각이 든다.

현재에 최선을 다하라 그리고 끊임없이 도전하라

현재 재직 중인 회사에서는 R&D분야 국책연구와 산산연구의 과제책임자로 연구를 수행하면서 입찰지원과 현장에서 요청하는 기술지원을 수시로 하고 있다. 대기업이다 보니 특별한 성과나 실적을 보여주지 않으면 승진이나 인정을 받기 힘들다. 입사 후 1년쯤 되었을 때는 회사에 차별화된 능력을 보여줘야 한다는 스트레스에 매일 아침 출근길 발걸음이 무겁기만 했는데, 그러던 어느 날 기회가 찾아왔다.

건축계에는 트랜드인 비정형 건축물의 설계 시공기술을 위한 BIM(Building

Information Modeling) 설계에 관심이 많았고, 특히 3차원 비정형 형태의 노출콘크리트 구조/시공에 관심이 집중되던 시기였다. 비정형 건축설계/엔지니어링은 건축설계사무소를 운영하는 남편이 몇 년 전부터 관심을 두고 있었던 분야였기 때문에 덩달아 나도 관심을 가지고 정보를 얻고 있었다. 기회다 싶은 마음에 무거푸집 비정형 곡면콘크리트 시공법에 대한 연구제안서를 만들어 팀장과 담당임원에게 승인을 얻고, 1년 후 공법개발의 성공뿐 아니라 특허 2건을 출원하였다. 그리고 얼마 뒤 우리 회사가 턴키입찰방식으로 참여 중인 평창 슬라이딩센터 건설공사에 개발된 공법으로 기술제안을 하자는 의견이 들어왔다. 슬라이딩센터 경기장건설은 콘크리트 곡면 트랙시공과 비정형인 곡선 형태를 정확하게 구현하는 것이 핵심기술이라 할 수 있다. 비록 입찰에 실패했지만 연구개발성과를 사내에 알리는 계기가 되었다.

입찰기술제안 및 현장기술지원을 성공적으로 끝내고 완공된 대교 눈높이 보라매센타

또한 기술제안 입찰부터 설계 변경, 현장기술지원 등 직접 참여한 대표 프로젝트는 2013년 완공된 (주)대교 보라매센터 리모델링 공사가 있다. 이 프로젝트는 건설경기 침체 속에서 새로운 활로를 모색하고자 기술제안 입찰시장에서 많은 공을 들이고 있었던 상황에서 성공한 민간부문 기술제안형 입찰의 대표적 프로젝트였다. 입찰시 원 설계에 적용된 내진보강공법 대신 내진성능은 향상되면서 공기를 단축할 수 있는 제진댐퍼 보강기술을 제안하였고, 원 설계자와 발주처에 제안기술의 우수성을 끈질기게 설득하고, 경쟁력 있는 공사비를 제안함으로써 프로젝트 수주에 성공하면서 능력을 또 한번 인정받는 계기가 됐다. 공사 중에도 VE기술제안을 지속적으로 발주처에 제시하여 품질향상 및 경제성 확보라는 두마리 토끼를 모두 잡아 당사 및 발주처 모두 WIN-WIN하는 성과를 거두었다. 이 프로젝트로 2012년 국토해양부 VE경진대회에 참가하여 국토해양부 장관 표창, 2013년에는 한국 리모델링 건축대전에서 준공부분 대상을 수상하면서 나 역시 회사에서 탄탄한 입지를 더욱 굳힐 수 있었다.

가족은 나의 힘

출산 후 대학 내의 보건소나 자동차 안에서 유축기로 모유를 모아 두었다가 집에서 수유를 하며 키운 아이들은 어느새 10살(딸), 8살(아들)이 됐다. 워킹맘을 둔 덕분에 어린이집, 유치원 종일반을 전전하고 지금은 방과 후 학원으로 시간을 보낸 후, 저녁 7시나 되어 아빠와 함께 집으로 가면서도 한 번도 회사를 그만두라고 한 적이 없는 아이들이다. 지금의 나는 전적으로 아이들과 남편의 희생 하에 성공한 길을 걷고 있다고 해도 과언이 아니다. 남편은 내가 어떤 선택을 하더라도 나의 선택을 적극 지지해주었다. 정작 본인은 유학의 꿈을 접고 나의 박사과정과 기술사 시험 준비기간뿐만 아니라 현재도 아이들의 등원 및 등교를 책임져주고, 아이들을 자상하게 챙기며 요리도 해주는 등 육아와 가사에 든든한 조력자 역할을 톡톡히 하고 있다. 물론 이런 일이 가능한 것은 건축사사무소를 운영하는 남편이 나보다는 근무시간 조정이 용이하기 때문인 점도 있으나 자상하고 배려심 많은 사람이기 때문이다. 대신 밤늦은 시간, 주말에는 시간을 내어 못다 한 업무를 처리하고 자기계발도 열심히 하여 비정형설계분야에서는 전문가로 인정받고 있다. 또한 대학에 겸임교수로 강의를 나가고, 기업체/공공기관 세미나 발표 등 활발한 활동을 하고 있는 남편은 나에겐 긴장감을 풀 수 없게 하는 훌륭한 경쟁자라고 할 수 있다.

후배들이여, 도전하고 또 도전하라

구조엔지니어는 건축디자인의 콘셉트를 훼손하지 않고 경제적으로 건축물을 만들게 할 뿐만 아니라 건축물의 안선을 책임지는 사람이다. 구조설계는 건축물이 합리적이고 효율적으로 하중에 저항할 수 있는 구조시스템을 결정하는 구조계획 단계와 결정된 구조시스템을 해석하여 부재의 단면을 결정하는 구조설계 단계가 있다. 더불어 구조 관련 업무로 현장지원과 구조감리도 포함된다. 이러한 업무는 구조엔지니어에게 모두 소중한 경험을 제공하며, 향후 설계되는 건축물에 설계와 시공의 괴리를 좁힐 수 있는 과정이 된다. 따라서 진정한 전문가의 길로 들어서기 위해서 구조이론뿐만 아니라 수많은 경험을 축적하고, 날로 발전하는 기술과 동향을 끊임없이 연구하는 데도 소홀이 해서는 안 된다.

대부분 구조엔지니어들의 1차 목표인 건축구조기술사는 시험이 어렵다고 소문나 있다. 지금까지 기술사 시험의 약 40년간 역사에 배출 인원이 약 1,000명에 이를 정도로 소수이다. 이 가운데 여성이 차지하는 비율은 아직 많지 않기 때문에, 자격 취득시 자신의 가치를 더욱 높일 수 있고 능력을 인정받을 수 있는 만큼 여성에게 상당히 매력적인 직업이라 생각된다. 그리고 정말 성공하고 싶다면, 다른 사람들이 걷지 않은 길을 걸으라고 했던 미국의 석유재벌 존 록펠러의 말을 한번쯤 떠올려 보길 바란다. 누구나 할 수 있는 일이 아닌, 자신만의 새로운 것에 도전하는 것이 성공의 열쇠일 수도 있다.

'최선을 다하면 이루지 못할 것이 없다'는 말이 언제 나의 좌우명이 되었는지 기억나지 않는다. 하지만 정말 최선을 다했던 노력에 대한 결과의 배신은 없었다. 나는 앞으로 기회가 주어진다면 또 도전할 것이고 최선을 다해 노력할 것이다. 10년 후, 20년 후 나는 또 어떤 모습으로 서 있을지 궁금하다. 후배 여러분도 꿈이 있다면 자신을 믿고 도전해보길 바란다. 꿈을 향해 달려가는 동안 많은 장애물을 만날지라도 포기하지만 않는다면 분명히 이룰 수 있다. 비록 시간이 걸릴지라도...

후배 여러분의 도전을 응원한다.

건축물의 안전과 경제성은 내 손으로 만든다.

반전(反轉)이 가져다 준 행복

김인정
Kim, Injeong

이화여자대학교 자연과학대학 전자계산학과를 졸업하고 서울대학교 공과 대학원 컴퓨터공학과에서 석사, 의용생체공학협동과정 박사과정을 수료하였다. 미국 메릴랜드대학교에서 컴퓨터공학 석사학위를 받고 삼성전자, SK텔레콤과 SK C&C에서 근무하였다. 현재 이화여자대학교 컴퓨터공학과 산학협력중점 교수로 재직하면서 여성정보인협회 이사로 활동하고 있다.

태풍은 좋겠다, 진로를 알고 있어서

'태풍은 좋겠다, 진로를 알고 있어서'라는 말이 요즘 학부모들의 자조적인 유행어이다. 진로탐색이니 진로계획이니 하는 단어들이 초등학생부터 낯익은 단어가 된지 오래다. 학부모와 학생 모두 유치원부터 자기소개서와 미래 로드맵을 준비하지 않으면 인생에 실패할지도 모른다는 강박증에 시달리고 있는 현실과 나의 고등학교 시절을 생각해보면 격세지감을 느낀다.

아이의 적성을 빨리 알아채지 못해서 진로계획을 준비 못한 부모들은 죄책감에, 진로를 결정 못한 학생들은 자책감에 괴로워하며 '꿈'을 꾸는 것이 아니라 오지 않는 잠을 청하며 '꿈'을 찾기 위해 몸부림치고 있는 것이다. 부모와 아이가 같은 꿈을 꾸고자 노력해야 하는 지금의 현 세대가 측은하고 안타까울 뿐이다. 꿈을 꾸는 것이 과연 치열하게 노력해서 되는 것인가? 우문을 던져본다.

나는 1983년에 "콤퓨터"라는 신생어에 귀가 솔깃하여 세상을 바꾸겠다는 야무진 꿈을 안고 이화여대 자연대학 전자계산학과에 입학하게 된다. 그러나 기대는 실망을 낳고 기계어와 씨름하면서, 세상을 바꾸기엔 내 적성과 너무 맞지 않는다며 재수할 용기가 없어 미적거리는 사이, 4년이 지난 어느 날 내 손안에 졸업장이 들려있었다. 자의반 타의반 한국표준연구소에 취직함으로써 나는 어쩔 수 없이 사회인의 삶을 시작하게 된다.

집을 떠나 대전에서의 평화롭고 도전적이지 않다고 느낀 연구원 생활을 1년 마감하고 서울대학교 공과대학원 컴퓨터공학과에 진학을 하게 되었다. 이대 출신의 대학원생에 대한 서울대 본교 출신들의 미심쩍은 따가운(?) 눈총을 받으며 대학원

2년 생활을 버텼다. 그들만의 리그에 체급이 맞지 않는, 그것도 여자 선수가 뛰어 들었다 생각한 게다.

서울대학교 공과대학에 최초 '이대 출신'이라는 딱지는 명예를 실추시키면 안 된다는 부담감으로 작용해 조심스럽고 힘들게 무사히 석사를 마치게 되었다. 박사과정 진학을 준비하던 나는 지도교수님의 권유로 의용생체공학 박사과정에 진학하여 서울대학교 병원으로 연구실을 옮기게 된다. 의용생체공학(Biomedical Engineering) 대학원 과정은 국내에서는 신생 학문 분야로서 다양한 학과 출신의 학생들로 구성되어 열띤 연구열기로 달구어져 있었다.

당시 옆 연구실에 안철수 교수께서 서울대학교 의과대학 교수로서 근무하시면서 백신을 개발하고 있었고 나는 메디슨이라는 의료영상벤처기업에서 일할 기회도 잡았다. 이 새로운 분야에 대한 나의 흥미가 발동하기 시작하여 흥분되기 시작하고 뜀틀 앞에서 워밍업을 하고 있을 즈음, 미국 유학 중이던 남편이 갑작스럽게 청혼을 하면서 결혼이라는 새로운 반전이 나를 기다리고 있었다.

나는 박사과정을 휴학하고 벤처회사도 그만두고 결혼생활과 동시에 졸지에 계획에 없던 미국 메릴랜드대학원에서 다시 컴퓨터공학을 시작하면서 컴퓨터공학 대학교수의 꿈을 꾸게 되었다. 그러나 나의 꿈은 다시 한 번 좌절을 맞게 되고 석사 학위 하나를 더 들고 서울로 돌아오게 된다. 나의 진로는 과연 무엇인가? 계획이라는 것이 참으로 무색할 뿐이다.

여자팔자는 뒤웅박팔자?

결혼이라는 제도는 내 미래를 내 맘대로 하게 두지 않았다. 남편의 미래라는 조건에 따라 내 인생 계획도 전면 수정이 필요했다. 남편 따라 미국유학을 시작하였으나, 남편이 한국으로 직장을 옮기게 됨에 따라 난 다시 석사학위를 하나 더 추가하고 학교를 그만두고 한국으로 돌아오면서 삼성전자 소프트웨어센터에 취직을 하게 된다. 미국에 남아 혼자 학위를 하는 방법도 있었고, 서울대학교 의용생체공학 박사과정으로의 복학도 가능했지만 여러 학교를 전전하다 보니, 난 너무 지쳐 있었고 교수는 내 길이 아닌가 생각하며 환경을 바꾸고 싶었다. 교수직을 원하셨던 부모님께서 항상 안타까운 심정으로 날 바라보시던 모습이 떠오른다.

귀국한 그해 1995년 9월, 삼성전자에 취직을 하게 된다. 입사 당시 삼성전자는 반도체 호황으로 반도체 분야 근무 직원과 소프트웨어 개발자간 급여 사이에 엄청난 격차가 벌어지고 있었다. SW개발자는 하층민 계급 같은 느낌이랄까? 그러나 인터넷 분야에서 개발자로 일하게 된 나로서는 첨단 신기술 분야를 이끄는 파이오니아를 자처하며 자긍심을 갖고 뜨거운 젊은 피를 아낌없이 회사에 쏟아 부었다.

당시 팥죽색 삼성전자 공장 근무복(남자는 곤색, 여자는 팥죽색 공장 근로복을 입지 않으면 경고 조치되던 시절)을 입고 수원 공장밥(삼성전자 수원 공장밥은 지금도 맛있고 양이 많기로 유명함)을 먹으며 지게차(반도체 공장이다 보니 근무지에 수시로 지게차가 돌아다님)가 내 뒤를 쫓는 악몽을 꾸면서도 서울에서 수원까지 7:4제(7시 출근 4시 퇴근 제도)를 지키기 위해 새벽 5시 공기를 가르며 수원으로 향하는 출퇴근버스에 몸을 싣고 근무했다.

그러나 생각보다 얇은 월급봉투와 결혼생활(서울)과 직장생활(수원)을 병행하면서 쌓이는 피로와 가정생활이 순탄치 않게 됨에 따라 결국 서울 근무가 가능한 SK텔레콤으로 이직을 하게 된다. 아! 드디어 나도 이제 새벽 별 보기 운동 안하고 급여수준 높은 직장으로 옮겨서 편하게 살게 되는 걸까? SK텔레콤은 당시 모두가 선망하는 꿈의 회사였기 때문이다.

이동통신이 세상을 뒤집고 나는 갑에서 을이 되었다

SK텔레콤은 당시 한국이동통신을 SK가 인수하면서 단기간 내에 급성장한 회사로 1999년 이동통신시장이 유선통신 시장을 앞서게 될 줄을 당시 아무도 상상조차 하지 못했다. 삼성전자의 호황이 시들어갈 무렵 나는 SK텔레콤으로 갈아타면서 아주 운이 좋은 듯 보였다. 당시 보너스로 나오는 SK텔레콤 주식은 삼성전자 급여 수준이었고, 대학생 취업 선호 부동의 1위 기업이었다.

그러나 1998년 IMF로 인해 SK는 구조조정을 해야 했고 나는 SK의 모든 전산업무가 SK C&C라는 회사로 통폐합되면서 갑에서 을로 전락하여 나의 소속과 급여 수준 및 근무환경도 달라져야만 했다.

SK C&C로 자리를 옮긴, 전 SK텔레콤 직원들은 단결합심하여 동변상련의 심정으로 어려움을 같이 이겨냈고 돈과 명예는 성공적이지 않을 수 있지만, 전문가로서의 훈련기간이라 생각하고 마음을 같이하여 참으로 열심히 일했다. 나는 회사타이틀에 상관없이 업무가 무척 신나고 재미났고 회사생활이 그렇게 즐거울 수가 없었다. 정말 좋은 사람들하고 내가 일하고 싶은 대로 일할 수 있었던 그 때가 지금도 가끔 그리워진다.

행복만족도는 돈과 명예와 비례하지 않다는 사실과 자기 자신이 일에 만족하고 같이 일하는 사람들이 좋으면 힘든 일도 얼마든지 헤쳐갈 수 있음을 배운 시기였고 매일 매일이 즐겁고 보람된 하루였다. 비록 을이지만 IT전문가로 성장하고 있다는 자긍심과 일에 대한 열정 및 노력으로 고객에게 인정받는 것이 날 이끄는 원동력이 되어 주었다.

엄마라는 이름으로

2010년 SK C&C 주식이 상장을 하고 주식으로 인해 모든 직원들이 회사와 함께 성장하는 행복한 미래를 꿈꿀 때, 아이 유학을 위해 내 커리어를 포기해야 하는 상황이 발생하면서 자의반 타의반 회사를 그만두고 캐나다 생활이 시작되었다. 부모님도 회사에서도 안타까움을 드러내며 마지못해 나를 보내주었다. 동료들의 마지막 따뜻한 배웅을 아직도 잊지 못한다.

그렇게 내 커리어에 대한 아쉬움을 갖고 떠나온 캐나다 생활은 그 동안 워킹맘으로 엄마 노릇 못했던 세월을 보상하듯 초보엄마를 벗어나기 위한 몸부림이자 동시에 인생의 의미를 깊이 있게 되새기는 시간이었으며, 엄마와 딸만의 행복한 관계를 구축한 인생의 전환점이 되었다.

나의 인생은 내 예상을 뒤엎고 내 계획을 무산시키며 내 의지가 아닌 누군가에 의해 내가 알지 못하는 길로 끝없이 나를 이끌고 나갔지만 난 그때마다 좌절하거나 슬퍼하지 않고 그저 순응했던 것 같다. 나와 같은 길을 걷고 있던 친구들이 사회적으로 승승장구할 때마다 난 진심으로 박수를 쳐주고 응원했고, 한편으로 나의 현재 자리에 만족하며 최선을 다하는 나를 사랑했다.

그런 마음을 주님께서 아셨는지 그때마다 숨겨진 보물 찾기 하듯 인생의 즐거움과 기쁨으로 가지 않은 길에 대한 아쉬움을 견디게 하셨으며 그렇게 2년의 꿀맛 같은 캐나다 유학생활을 마치고 한국으로 돌아오게 되었다.

귀국하자마자 한국의 교육환경은 날 전투태세로 몰아갔다. 전업주부로서 아이 교육을 위해 치맛바람 휘날리며 학원탐방도 하고 주부도 전문가처럼 일해야 한다는 생각으로 아침저녁으로 열정을 다해 집안 일을 하면서 항상 전시체제로 움직여야 했다. 토요일 날도 오전 7시에 청소기를 돌린다고 했더니 친구들이 나더러 토요일 이웃의 늦잠을 방해하는 민폐이웃이라고 알려줄 정도였다. 생산성 없는 하루를 보내면 안될 것 같은 직장인 강박증에 젖어, 가정도 아이에게도 생산성의 당연한 결과를 기대했고 결과가 나오지 않으면 불안 초초해서 가족들을 힘들게 했던 것 같다.

경력단절 여성에서 다시 길을 찾다

갑자기 회사를 그만두면 마냥 편하고 좋지만은 않다. 습관적으로 일을 찾아 하게 되고 일이 없으면 불안해지기 시작한다. 성과가 없는 하루를 보내는 것이 답답하고 자신이 가치가 없어지는 것 같아 불안한 것이 경력 단절 여성들의 특징 중 하나일 것이다. 나 또한 경력단절 여성으로서 나와 가족을 힘들게 하는 상황에 직면하게 되었다.

그러던 어느 날, 이화여대 공과대학 컴퓨터공학과에서 산학협력중점 교수직을 제안하였다. 본교 김명희 교수님께서 후배들에게 도움을 주는 일이라고 보람될 것이라고 권유하셨다. 처음으로 내 의지로 세운 내 계획에 내가 지치고 포기하고 싶은 순간에 이 제안은 내게 그리고 내 가족에게 새로운 돌파구가 되었다. 내 자녀만이 아니라 딸 같은 후배들에게 작은 힘이나마 도움이 된다면 하는 마음으로 수락하여 현재 3년째 본교에서 산학협력중점교수로 일하고 있다.

그동안 내 계획을 내 의지로 실행하지 못한 것이 환경 탓으로만 여기고 내게 기회가 주어지지 않아서 그래라고 생각했던 지난날들이 부질없었음을 깨닫게 되었다. 인생은 내게 수수께끼를 내고 끝없는 반전으로 나를 당황스럽게 했지만 그래도 주어진 길을 열심히 걸었더니 길 끝에 항상 선물이 기다리고 있었다.

그 선물은 바로 내게 소중한 경험과 지식으로 이루어진 내 자산이 되었고 현재 학생들과 학교에 도움이 되는 역할을 한다고 생각한다. 내 계획과 의지가 아니었지만 인생을 돌고 돌아 희미한 어릴 적 내 꿈을 결과적으로 이루었고, 참으로 기뻐해 주시던 부모님의 모습을 기억할 때마다 돌아가신 아버지를 향한 위로가 됨을 항상 감사한다.

"우물도 한 우물을 파라고?"

여성 엔지니어라는 길은 결코 쉽고 넓은 길은 아니다. 오히려 좁고 험한 길임을 각오하는 게 맞을 것이다. 난 엔지니어로서 정말 다양한 경험을 해 본 것 같다, 연구소에서 근무한 적도 있고 벤처기업에서 근무한 적도 있고 국내 대학원, 국외 대학원도 다녀보고 대기업인 삼성과 SK에서 다양한 직무를 경험해보았다. 따라서 현재 산학협력중점 교수로서 학생들의 진로를 상담하는데 다양한 시각으로 조언을 할 수 있다고 생각한다.

우물도 한 우물을 파라는 우리나라 속담이 있지만 난 그 속담과 정반대로 살아온 셈이다. 한 우물을 파던 여성 엔지니어 동료들 중에는 연구소장도 있고 대기업 임원도 있고 중소기업 경영인도 있고 교수도 있고 열정 주부도 있다. 그들 모두 너무나 자기 자리에서 열심히 살아왔기에 우린 서로 격려하며 살고 있다. 산에 굴을 뚫어 단숨에 목표 지점에 도달하는 사람도 있겠지만 나처럼 구불구불 산길로 돌고 돌다가 어느 날 보니 산 넘어 목표지점에 도달해 있는 사람도 있는 것이다.

생각해보면 단숨에 산을 넘어오는 것보다는 구불구불 산길을 돌고 돌면서 산꼭대기에 걸려있는 구름과 청명한 파란 하늘과 건강한 숲길이 내뿜는 달콤한 공기와 산길 곳곳에 피어있는 야생화를 보는 즐거움과 기쁨을 겪어보지 않은 사람은 모를 것이다. 고은 시인이 '그 꽃'이라는 시에서 이야기하듯 우리에게 주어진 환경에 눈길 돌려 관찰하고 감사하고 즐기고 누리는 것이 필요하다는 생각이 든다. 그러나 이 길 위에서 순간순간 벌어지는 작은 행복에 감사하며 오늘 얻은 지식과 경험이라는 수확에 기뻐하며 하루하루를 성실하게 보내다 보면 미래의 어느 날 선물이 가득 담긴 소포가 배달되지 않을까? 나에게 일어난 일처럼 말이다.

여기 시 한 수를 여러분에게 선물로 기록한다.

〈그 꽃〉

고은

내려갈 때 보았네

올라갈 때 보지 못한 그 꽃

Jane Oh

새로운 국경과 발견

원유봉

여성 엔지니어의 성장통 치유법

Grace E. Park

엔지니어링 분야에서 성공적인 리더가 되는 법

고국화

나의 이야기

전미현

지속가능한 사회를 향한 도전

조소라

후회없는 나의 선택, 나의 인생

모험 · · ·

세계로 나가다 4

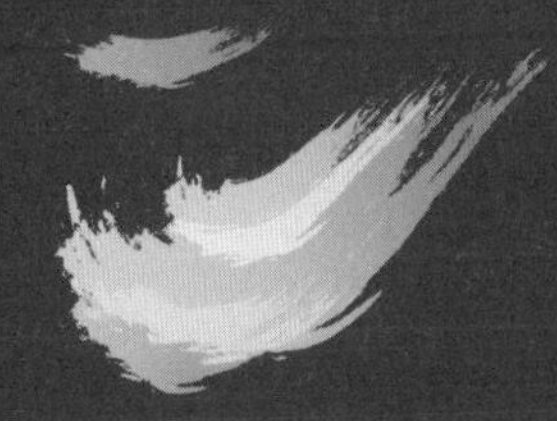

Jane Oh

미국 우주항공국 제트추진연구소의 수석책임연구원이며 현재는 2020년에 화성 탐사 로봇을 보낼 프로젝트를 준비 중에 있다. 두 팔과 열 개 정도의 눈을 갖게 될 이 로봇은 화성의 생명체가 있었을지에 대한 궁금증을 풀어줄 '돌가루 채취' 일을 하게 된다. 1983년 이화여자대학교 영어영문학과를 졸업하고, 미국 미시건대학교에서 컴퓨터시스템공학을 전공하여 공학박사학위를 취득하였으며, 하버드대학교에서 경영정책을 공부하였다. 현재 재미한인여성과학기술자협회(Korean-American Women in Science and Engineering) 회장으로 활동 중이다.

"미래는 자신의 꿈을 믿는 자들의 것이다." – 일리노어 루즈벨트

아이들에게 "커서 무엇이 되고 싶니?"라고 물어보면 "우주인이요!" "소방관이요!" "변호사요!"라는 예상가능한 답을 합니다. "의사요!"라는 대답 또한 많이 합니다. 다섯 살 이후로 저도 꿈을 가지기 시작했고 의사가 되고 싶었습니다. 사람들을 치료해주고, 목숨을 구해주며 일하는 것을 원하는 건 어린 시절 누구나 한 번쯤 꿈꿔본 일일 겁니다. 하지만 나이가 들면서, 점차 그 꿈은 희미해져 갔고, 사회에서의 여성 차별은 큰 장애요소였습니다.

학창시절 수학과 과학에 특출 났기에 이 분야에 관련된 직업을 가지는 것이 당연하게도 생각되었습니다. 하지만 1960년대와 1970년대에 한국에서는 자연계나 이공계의 엔지니어는 남학생들만 될 수 있는 거라 여겼고 선생님과 부모님들 역시 남학생들에게만 자연과학 관련 직업을 추천하였습니다. 그 당시 사회 풍조가 그러했고 저 역시 이공계에 대한 관심을 외면한 채 대학교에서 영어를 전공하였습니다. 하지만 저는 제 자신이 시스템 엔지니어가 되기 위한 길을 가야 한다는 것을 깨닫게 되었습니다.

과거에나 현재나 미국은 사람들에게 기회의 땅입니다. 1969년 7월 11일, 저는 닐 암스트롱의 달 착륙을 보면서 처음으로 무한한 가능성과 대단한 성공을 보았습니다. 그리고 오늘날, 화성 2020을 위한 시스템 엔지니어 리더로서, 우리가 화성에서 걸어 다닐 수 있는 가능성을 향해 전진하고 있다는 사실을 자신있게 말할 수 있습니다. 2015년 9월 28일 NASA는 "NASA의 화성 정찰 궤도선 (MRO)의 새로운 발견이 현재의 화성에서 간헐적으로 액체의 물이 흐르고 있다는 강력한 증거를 제공하였습니다. 화성에 대한 우리의 질문은 우주 세계에서 생명을 찾아서 "물을 따

라가자"는 것이었고, 이제 우리는 우리가 오랫동안 의심해왔던 과학적 사실들을 입증해오고 있습니다. 오늘날 화성 표면에서 물이 흐른다는 것의 확인은 대단한 발전입니다.

"세상에 훌륭하고 성공한 사람들은 그들의 상상력을 사용하였습니다. 그들은 앞서 생각하고, 상상속의 이미지를 세밀하게 그리고, 채우기도 하고, 추가하기도 하며, 이것저것 뒤바꿔 보기도 하면서 꾸준하게 성장하였습니다." – 로버트 콜리어

NASA에서 일하는 것은 놀랍습니다! 저는 화성 로봇 탐사에 대한 저의 열정을 경작하는 동시에 정말 재능있는 사람들과 함께 일할 수 있는 기회를 얻은 것에 대해 감사하게 생각합니다. 미국에서 공부하였던 것은 어린이로서 결코 생각할수 없었던 기회의 창문을 만들어 주었습니다. 제가 누군지, 지금 어디에 있는지와는 상관없이 특별하고 영감을 주는 많은 사람들에 의해 감동받아왔다는 것이 축복입니다. 그들은 제가 하는 모든 일에 있어서 탁월함의 중요성을 가르쳐 주었습니다. 저는 언젠가 다른 누군가에게 그들의 꿈을 꾸기 위한 동기를 부여하고, 영감을 줄 수 있는 사람이 되고 싶습니다. 왜냐하면 열심히 일하는 것과 투지는 어떠한 것도 가능하게 만들기 때문입니다.

"성공이란 무엇인가? 나는 당신이 하고있는 것을 위한 재능들의 복합체라고 생각한다. 그리고 그것들이 부족함을 알고, 네가 열심히 일하며 명확한 목표가 있음을 알아야 할 것이다." – 마가렛 대처

JPL, NASA 등의 많은 우주관련 업체들은 더 도전적인 과학을 실행하기 위해서

전보다 거대하고, 복잡한 전자기기들에 의존해오고 있습니다. 급격한 기술의 발전이 필수 장비들을 만들어내기 위한 기술들을 앞질러 갔기 때문입니다. 저는 JPL의 R&TD 전략 Initiative 팀의 PI로서 Critical Flight System이라는 미션을 위한 모델에 기초한 시뮬레이션을 실행시키는데 필요한 시간을 급격하게 단축시키기 위한 새로운 기술의 발달을 주도하였습니다. 최선을 다해 일을 하게된 건 어린시절부터 몸에 밴 습관입니다. 그리고, 이러한 시절들을 모두 겪고 나서, 저에게 남은 것은 강한 노동 윤리였습니다. 저는 사무실에 가장 먼저 출근하고 가장 늦게까지 남아있는 사람입니다. 저의 기대치에 일정 수준을 만들기 위하여 이런 생활을 계속 하였고, 다른 사람들 또한 저와 같이 행동하도록 힘을 주었습니다. 본보기를 만들어 사람들을 리드하는 것은 이루고자 하는 것을 현실이 되게 하고, 더욱 생산적인 환경으로까지 확장시켜 줍니다. 우리의 일은 성공적이었습니다. 저는 NASA 발명상 (Invention Award)과 올해의 KSEA 엔지니어 상을 수상하였습니다. 이 모든 것들은 우리팀의 지원이 있었기에 가능하였습니다.

"인생은 과감한 모험이든지, 아니면 아무것도 아니다" – 헬렌 켈러

저의 첫번째 컴퓨터 프로그래밍 교수님은 비전과 행동에 있어 영특하고, 통찰력있는 재치, 그리고 믿기 힘들겠지만 태생적으로 시각장애인입니다. 저는 그분처럼 본인의 시각장애와 같은 큰 장애를 극복하면서 자극을 주고 용기를 주는 분은 만나본 적이 없습니다. 그럼에도 불구하고, 그는 시각장애 학생들이 과학분야에서 도움을 받을 수 있는 랜드마크적인 기회를 제공하는 네메스 코드(Nemeth code)라는 것을 발명할 만큼 투지가 넘쳤습니다. 컴퓨터 프로그래밍은 시각적인 감각보다 본능적으로 알고리즘 문제를 해결하는 능력을 더 필요로 함을 빠르게 배울 수 있

었습니다.

저는 곧 Electronic Data Systems(EDS)를 가지고 컴퓨터 프로그래머로서의 일을 시작하였고, 곧바로 Seystems Engineer Development (SED)프로그램에 참여할 것을 추천받았습니다. 시스템 엔지니어링 분야에서 아주 널리 알려진 프로그램이며, Systematic Thinkers와 미래에 회사의 리더가 될 잠재성을 가진 사람들을 교육시키기 위하여 디자인되었습니다. 하지만 그중 50%는 탈락하였습니다. 이 도전적이고 부담이 큰 프로그램은 저에게 주어진 일에 대한 감사함과 복잡한 시스템의 소프트웨어의 중요성을 알려주었습니다. 하지만, 더 중요한 사실은 이 프로그램이 저에게 엔지니어링이란 것을 소개시켜주었다는 것입니다. 그 당시 저는 이 지식들과 흥미가 훗날 저의 직업에 있어서 아주 중요한 일을 할 것이라는 사실을 알지 못하였습니다.

"만약 네가 정말로 신경 쓰고 흥미있는 무언가에 관해 일을 하고 있다면, 너 자신을 너무 압박하지 말라. 비전이 너를 이끌어줄 것이다." – 스티브 잡스

EDS에서 몇 년 동안의 현장경험을 쌓은 뒤, 저는 미시간 앤아버대학교에서 박사학위를 받기 위해 공부했습니다. 그곳에 있는 동안, 저의 조언자이자 멘토, 그리고 코치인 Daniel Teichroew 교수님은 저로 하여금 완벽의 기준을 늘리도록 만들었습니다. 교수님께서는 은퇴를 미루면서까지 저와 함께 더 이상 올라갈 것이 남아있지 않을 정도로 가르쳐주고 도와주셨습니다. 그 모든 과정이 쉬운 일은 아니었습니다.

옆에서 저의 딸들이 침낭 속에서 곤히 자고 있는 동안, 컴퓨터 실험실에서 셀 수 없이 많은 밤을 보냈습니다. 신의 축복과 저의 가족과 멘토의 지원 속에 저는 인

내하며 견뎌낼 수 있었고, 제가 처음에 이룰 수 있을 것이라 생각했던 것보다 더욱 특출난 이론을 만들어 낼 수 있었습니다. 두 아이를 기르고, 미시간대학교 의대의 생물정보학 연구원으로서 일하며, 또한 엔지니어링에서도 이론을 확립하는 등의 경험은 제가 NASA의 엔지니어로서 내 능력을 발휘할 때 비로소 가치있는 일이었음을 알게 되었습니다.

"리더십과 배우는 것은 서로에게 없어서는 안될 존재입니다." - 존 에프 케네디

NASA에서 선택되어 Harvard University's Kennedy School of Government의 Senior Executive Fellow Program에 참여하는 2인 중 1인이었을 때 저의 탁월함과 향상된 지식이 알려지고 인정받게 되었습니다. 그곳에 있는 동안, 저는 70명의 다양한 미국 정부 조직의 리더들과 함께 일하고, 그들에게 배울 수 있는 기회를 가질 수 있었습니다. 그 프로그램은 도전적인 상황을 인식하고, 잠재적인 해결방안을 모색하기 위해 체계적으로 접근하는데 중점을 두고 있습니다. 즉흥적인 논쟁에서부터 공들여 준비한 프레젠테이션까지, 저는 모든 것을 걸고 NASA와 우주프로그램을 위해 고군분투했습니다. 저의 동료들과 친구들의 관심과 격려는 직업에 대한 자부심과 조직에 대한 열정과 헌신을 부추기기에 충분하였습니다. 마치, "불가능을 가능케하라"라는 NASA의 비전이 저에게도 해당되듯이 말입니다.

"국가의 문화는 그 나라 사람들의 심장과 영혼에 거주하고 있습니다."

– 마하트마 간디

새로운 국가에서 새로운 문화를 접하고, 새로운 언어를 배우며, 새로운 학교를

다니고, 다양한 그룹의 사람들과 새로운 관계를 맺으면서, 저의 아메리칸 드림을 현실로 이루어낸 것은 도전 그 자체였습니다. 문화란 것이 삶의 모든 것에 영향을 끼친다는 것을 알기까지 몇 년이란 시간이 필요하였습니다. 그 시간 동안, 저는 제가 길러진 문화와 제가 감싸 안아야만했던 새로운 문화 사이의 차이점을 더 잘 이해할 수 있었습니다. 이러한 두 문화의 특별한 뒤섞임은 저를 특별하게 만들어 주었고 모두 포용하도록 하였습니다.

제가 한국인이라는 사실을 자랑스럽게 말할 수 있음에 행복합니다.

윤유봉

Christine Yoon

1978년 서강대학교 전자공학과를 졸업하고, Korea Computer Center (KCC)를 거쳐 1979년 도미, 1983년 미국 아이오와주립대학교에서 컴퓨터공학으로 석사 학위를 취득한 후, St. Ambrose College, EDS, AT&T Bell Labs, PricewaterhouseCooper, 미국시티그룹 CTO/ Global Security Engineering에서 보안기술Senior VP직을 거쳐, 현재 A Blessing Place 연구소 소장에 재직하면서 2015년에 비영리단체인 Good Cyber Kids(GCK)를 창립했다. NIST OSI Implementor's Workshop Directory SIG(회장&부회장), X/OPEN X/NET Directory subgroup(회장), ANSI, ISO, ITU/CCITT 등의 여러 국제OSI네트워크 표준화 단체에서 회장, 부회장, 에디터, 회원을 역임했다. 현재는 한인계 미국 여성과학자와 엔지니어협회인 KWiSE 임원이며, 한국여성공학기술인협회(WiTecK)의 미주 해외협력 이사이다.

전 세계적으로 여성 인력과 여성의 경제적 지위는 지난 20~30년간 지속적으로 성장해왔다. 구매력이나 구매 결정권도 여성 소비자의 영향력이 훨씬 크다고 한다. 또 인터넷이 확산되면서 다양한 글로벌 소비자의 요구에 대응하기 위해 기업은 여성 인력을 더 요구하고 있는 실정이다.

2014년 미국 노동부 여성국 통계 보고에 의하면 남성 인력은 51.7%인 반면에 여성 인력이 48.3%로 남성 인력과 큰 차이가 없지만, 기술분야에 종사하는 엔지니어 인력은 남성이 지배적이고 여성은 여전히 소수이다. 이 시대 여성 엔지니어로 산다는 것에는 관련 분야의 선구자라는 영광(?)이 주어지지만, 성장하기 위한 통증의 부담을 짊어져야 한다. 어른이 되기 위해서는 꼭 필요한 틴에이저들의 성장통 같은 것이라고 할까?

나는 지난 35년을 평범한 여성 엔지니어로 주로 미국 포춘 500대 기업에서 직장생활을 해왔다. 대학 후 첫 직장에서 내 직책은 시스템 엔지니어였다. 개인 생활을 거의 할 수 없을 정도로 바빴지만, 프로젝트마다 배울 것도 많았고 배우고 싶은 것도 많아서 즐겁게 직장생활을 했다. 결혼으로 가정이 생기고, 또 아이들을 낳고 기르면서 나에게는 누구의 아내, 누구누구의 엄마라는 새로운 지위가 생겼다. 일뿐이었던 내 환경은 일과 생활을 병행해야 하는 환경으로 변하고 있었다.

겉으로 보기에는 큰 기복 없이 엔지니어로 잘 성장한 것같이 보일지도 모르지만, 나의 엔지니어로서의 삶은 직장과 가정, 일과 생활의 균형을 유지하기 위해 현실을 극복해야만 하는 생존 게임이었다. 이 게임은 나로 하여금 여러 문제에 직면케 했고, 그 문제를 푸는 과정에서 통증과 치유를 반복해야 했다. 그런 가운데 나를 성장시켰다.

지난 날들을 기억하면서 나에게 성장통을 안겨준 원인에 대한 치유법을 나누고자 한다. 지금 성장통을 앓고 있는 여성 엔지니어들에게 조금의 위로가 되길 바라면서.

내가 가장 풀기 어려웠던 문제의 원인 대부분은 일과 생활과의 균형 유지에서 비롯되는 갈등이었다. 엔지니어, 아내, 엄마라는 3가지 역할을 감당하기에는 역부족이었다. 엔지니어가 아니라도 가정을 가진 직장여성들이라면 누구나 일과 생활 사이에서 여러 갈등을 겪을 것이다.

여성 엔지니어들은 남성이 지배적인 직장에서 살아남아야 한다는 강박관념이 높을수록 일과 생활의 균형 유지가 더 힘들고, 갈등도 더 커지기 마련이다. 힘들었던 문제들과 그에 따른 통증을 기억해 본다.

나와 같이 일하는 동료 직원들은 대부분 남자였다. 새 상품 사양서를 만들 때 회의를 많이 하는데, 회의 중에 여성이라고 내 의견이 무시된다는 생각이 들면, 나는 더 공격적으로 내 주장을 하고 내 의견에 대한 비평을 용납하지 않았다. 마치 나와 다른 의견을 내놓는 것은, 곧 나를 무시하는 것으로 생각했던 것 같다. 퇴근 후에도 그 분한 마음을 가라앉히지 못하고 결국 가족에게 풀고 말았다. 나는 일과 생활을 구별하지 못했다.

이런 날들은 나 자신에게 화가 났다.

다른 여성 엔지니어들과 같은 팀원으로 일하게 된 적이 있다. 남자들하고만 일하다가 다른 여성과 일하게 되면 반가우면서도 한편으로는 묘한 경쟁심이 내 마음을 흔들었다. 내가 다른 여성보다 못할까봐 전전긍긍해서 팀을 위해서 해야 할 일의 본질에 집중하지 못했다. 무엇이든지 내가 다른 여성 엔지니어보다 더 잘해야 한다는 압박감이 있었던 것 같다.

그런 날들은 나를 부끄럽게 했다.

UN의 에이전시 중 하나인 국제통신기구를 통해서 네트워크 국제 표준화 작업에 참여한 적이 있었다. 덕분에 한 달에 반은 미국의 다른 주 또는 외국으로 출장을 가서 일을 해야 했다. 내가 출장 가는 동안은 남편이 전적으로 아이들을 돌보았다. 둘째 아들 스티븐이 걸음마를 시작하고 언제 '엄마'라고 말을 할까 기다리고 있을 때였다. 어느 날 2주간의 출장을 마치고 집에 돌아왔는데 스티븐이 나를 보더니 '아빠'하는 것이 아닌가! '아빠'가 내가 들은 그 아이의 첫 말이었다.

그날은 나를 슬프게 했다.

어느날, 베이비시터가 직장에 전화를 해서 큰 아들 데이빗이 아프다고 했다. 열이 나서 경기를 한다고 했다. 그렇지 않아도 아침에 감기 기운이 있는 것 같아서 출근하고 싶지 않았는데 내 아이가 경기를 일으키다니! 그 순간부터 일에 집중할 수 없었다. 오후 5시 일을 마치고 부리나케 집에 왔다.

해열제를 먹였지만 열은 내리지 않았다. 그날 밤, 데이빗은 병원 응급실에 가야 했고, 그 곳에서 두 번째 경기를 했다. 데이빗은 2주 동안 입원해야 했고, 검사 결과 폐렴균이 귀로 해서 패혈증으로 번진 것이 밝혀졌다. 퇴원 후 데이빗은 적혈구가 많이 떨어져서 3-4개월 동안 집에서 격리되었다. 아이의 건강은 6개월 후에야 정상으로 돌아왔다.

그 6개월 동안 나는 깊은 우울증에 빠져 있었다.

출장이 잦은 관계로 입주 베이비시터를 고용해야만 했다. 그런데 입주 베이비시터가 한 달 동안 다섯 번이나 바뀐 적이 있었다. 며칠 일하다가 아이들이 극성스럽다고 그만두고, 집이 넓다고 일주일 만에 그만두고, 또 하루 만에 개인 사정으로 그만두는 등 베이비시터가 바뀔 때마다 내 아이들은 낯선 사람 곁에 가는 것이 겁이 나는지 내 옆을 떠나려 하지 않았다. 그 아이들한테 너무 미안했다.

그날 나는 직장을 그만두고 싶었다.

둘째 아들 스티븐이 초등학교 3학년일때 그의 친구들을 집에 초대했다. 미트볼 스파게티를 만들고 케이크도 준비하고 아이들과 놀 게임도 준비하고… 직장 일이 바빴지만 근사한 생일 파티를 준비하려고 나름대로 애를 썼는데 나중에 '엄마가 해준 스파게티가 너무 맛이 없어서 친구들한테 창피했다'는 아들의 말에 충격을 받기도 했다. 모든 엄마가 공통으로 잘하는 것이 있다면 음식 만드는 솜씨가 아닌가! 나는 얼마나 무능한 엄마인가! 나같이 무능한 엄마를 가진 내 아이가 너무 불쌍하다는 생각이 들었다.

그날 나의 무능함이 무척이나 미안했다.

이런 아픔들은 여성 엔지니어로서의 나를 지켜준 성장할 때 따르는 통증이었다. 성장통을 겪을 때마다 나름대로 아픔을 극복하는 치유법을 터득하게 되었고, 그 치유법은 다음 세 가지로 요약할 수 있다.

내 역할에 집중하자

지금 내 역할이 무엇인지 알고 행동하자. 내 역할이 아닌 것에 연연해하지 말자. AT&T 벨연구소에서 일할 때였다. 새 상품을 개발하기 전에 사양서를 먼저 쓰는데 내가 쓴 사양서를 검토하는 과정에서 여러 엔지니어들이 논평을 하게 되었다. 이 검토과정이 부담스럽고 비평의 소리가 들릴 때마다 난 쥐구멍을 찾고 있었다. 그 사양서가 마치 '나'인 것으로 착각하고 있었다. 사양서는 내가 가지고 있는 지식과 실험을 통해서 쓴 사양서일 뿐인데...

다른 사람의 비평은 개발자의 관점에서, 테스터의 관점에서, 사용자의 관점에서 더 좋은 상품으로 만들려는 노력이었는데 머리로는 알지만 마음은 내가 완전한 사양서를 만들지 못함에 자존심이 많이 상했다. 오랜 세월이 지나서 결국 내 역할을 깨닫게 되었다. 내 역할은 사양서의 초안을 작성하고, 다른 엔지니어들의 논평을 잘 이해해서 최고의 상품을 개발할 수 있도록 사양서를 수정하는 것이라는 것을.

그후 '내 역할에 집중하자'라는 치유 전략은 일에서 오는 갈등으로부터 나를 해방시켰다. 대부분의 업무를 갈등 없이 처리할 수 있게 되었고, 직장에서의 갈등을 가정으로 끌어들이지 않게 되었다. 집안일을 할 때도 내 역할이 무엇인지 깨닫고 그 역할에만 집중할 수 있었다. 그리고 모든 문제를 내가 다 풀어야 한다는 부담에서 어느 정도 벗어날 수 있게 되었다. 내 역할이 아닌 것에 연연하지 않았다.

내 능력을 알자

나는 미련하게도 '슈퍼우먼' 신드롬으로 오랫동안 '무엇이든지 다 잘할 수 있다'라고 자신의 능력을 과대평가하고 있었다. 엔지니어로서, 아내로서, 또 엄마로서의 능력을 자만했다. 결과는 능력도 안 되면서 쓸데없는 자존심과 고집으로 자신에게 더 많은 부담을 안겨주었다.

육아를 담당하면서 내가 얼마나 무능한가를 깨달았다. 직장에서는 집안일 때문에 업무에 집중할 수가 없어서 떨어지는 업무 능률의 부담을 느꼈고, 퇴근 후 허둥대며 집에 오면 다른 부담들이 나를 기다리고 있었다. '배 고파, 밥 줘'를 외치며 나만 바라보는 가족들, 먼지가 뽀얗게 덮인 커튼과 더러운 때가 낀 목욕탕, 잔뜩 쌓인 빨래들, 아이들 숙제, 또 직장에서 가져온 내 숙제들. 일과 생활의 균형이 전혀 없어 직장이나 가정이나 어디를 가도 사는 것이 힘이 들었다.

'아, 나는 이렇게 무능하구나!' 새삼 깨달으며 겸손을 하나씩 배우기 시작했다. 직장에서든 가정에서든 내가 못하는 것을 인정하고 그 부분에 대한 도움을 청하기 시작했다, 직장에서 일할 때는 아이들을 남의 손에 맡겨야 하고, 그 사람들의 최선을 믿기 시작했다. 때때로 이웃들에게 방과 후 아이들의 픽업을 부탁하기도 했다. 또 가족을 위해 내가 원하는 것을 포기했다. 저축을 포기했고, 휴가를 포기했고, 내 자존심과 고집을 포기했다. 집에서는 '내 것'이라는 소유의식을 포기했다. 진정한 의미의 '내 것'은 어차피 아무것도 없지 않은가! 빈손으로 와서 빈손으로 가는 것이 인간의 운명 아닌가! '나'를 빨리 포기할수록 내가 편했다.

사회가 주는 혜택, 직장에서 주는 혜택을 누리자

자녀들을 위해 건강한 가정을 만드는 것은 모든 엄마들의 순위 0번이다. 집에서 가정을 전담하는 엄마들에게나, 직장을 다니는 엄마들에게나 자녀 양육은 엄마들의 첫 번째 관심사다. 나에게도 내 아이들의 양육은 선택이 아니라 순위 0번의 해야 할 일이었다. 아이들은 잘 양육하는 것은 엄마들 개인적으로도 중요하지만, 사회적으로도 중요하다.

건강한 가정은 건강한 사회를 만든다. 엄마의 관심과 사랑으로 자란 아이들이 사회의 일원이 되어 건강한 사회를 만드는 것이다. 이런 의미에서 직장여성들의 가정생활과 자녀 양육은 사회적으로나 고용주로부터 보호받아야 하며 지원받아야 한다. 미국의 기업은 여성에게 필요한 여러 혜택을 제공한다. 또 직장여성의 육아를 위한 제도를 민법으로 정해서 연방정부와 주정부로부터 보호받는다. 다음은 미국 정부와 기업들이 공통으로 제공하는 여성친화정책들이다.

탄력근무 - 근무 시간에 유연성을 두어 직무에 충실할 수 있도록 매니저의 동의 하에 근무시간을 조절할 수 있다. 예를 들면, 오전 9시부터 오후 6시까지의 근무시간을 육아를 위해서 오전 7시부터 오후 3시까지로 바꾸어서 아이가 학교 끝날 시간에 엄마의 업무도 끝내어 가정생활을 돌볼 수 있게 한다. 이 혜택은 여성들의 일과 생활의 균형유지를 돕는다.

재택근무 – 아이가 아프거나, 집을 수리해야 하거나, 집에 누군가 있어야 할 사정이 생겼을 경우 매니저의 동의하에 재택근무가 가능하도록 되어있다. 재택근무는 여성들의 일과 생활의 균형을 유지할 수 있도록 해준다. 업무를 성공적으로 수행하기 위해서 재택근무를 할 때는 일과 생활을 구별하는 개인 훈련이 필요하다. 실제로 나는 이 혜택을 많이 이용했다. 재택근무 중에 내 홈 오피스 방으로 출퇴근해서 직장에서처럼 업무 시간을 유지했다.

스티븐이 고등학교를 한국에서 다니게 되었을 때, 나는 스티븐과 함께 한국에서 5개월간 살아야 했다. 직속 매니저와 의논한 후 한국에서 재택근무를 하기로 했다. 미국에서 사용하는 인터넷 전화를 한국에서 사용했고 인터넷을 통해서 회사 전산망에 접속해서 업무를 보니, 동료 직원들은 내가 한국에 있는지도 몰랐다. 단지 미국 시간 영역이 한국과 다르다 보니 다른 사람들이 잘 시간에 깨어있어야 하는 고충은 있었지만, 재택근무를 할 수 있게 해주어서 감사했다.

그 외에도 출산을 해야 하는 여성의 건강회복을 위해 기업에서 보통 출산 전 2주, 출산 후 6주 유급 휴가를 주는 출산휴가가 있는데 휴가 후 본래의 직책이 보장된다. 이 뿐만이 아니라 가족 및 의료 휴가와 보험이 있는데 노동법으로 보장되는 휴가로, 신생아 또는 입양한 아이와 가족이 되기 위해서 또는 직계 가족 병 간호를 위해서 휴가 후에도 본래 직장이 보장되면서, 12주까지 무급 휴가를 받을 수 있다. 이 휴가는 여성뿐 아니라 남성도 신청할 수 있다. 휴가기간동안 해당되는 주 정부를 통해서 6주까지 보험금을 받을 수 있다.

2013년 서울에서 열린 여성공학기술인대회에 참석한 적이 있다. 그때 한국 대기업에서 일하는 여성 엔지니어들을 만나서 기업들이 제공하는 여성친화정책에 대해 토의한 적이 있었다. 출산을 앞둔 여성들에게 한국 대기업이 미국에서 보다 더 많고 좋은 혜택을 주는 것 같아 놀라지 않을 수 없었다. 예를 들면, 임산부 배지를 만들어 태아에 좋지 않을 가능성이 있는 환경의 실험실 출입을 제한한다는 것이다. 은행에서 일하는 여성들은 출산 후 육아를 위해 2년까지 쉴 수 있다고 한다. 또 유아원/유치원 시설을 회사 안에 만들어 업무 시간 동안에 직원들의 자녀를 돌봐 준다고 한다.

그런데 당사자인 여성들은 진급에 지장이 있을까봐 이런 혜택을 마음껏 다 이용할 수 없다고 했다. 안타까운 일이다. 미국에서는 기업의 혜택은 길게 보면 개인 성과를 높이기 위한 혜택이므로 결국 진급과 연결된다고 볼 수 있다. 이런 관점의 차이는 미국과 한국의 기업 문화가 다르기 때문이다. 내가 알고 있는 한국의 기업 문화는 집단주의인 반면에 미국의 기업문화는 개인주의에 기반을 둔다. 한국 기업들은 그룹의 기대를 만족시키는 것에 초점을 두는 반면에 미국 기업들은 고용인들 개인의 성과에 초점을 둔다. 즉 개인은 미국 기업의 자산이다

한국에서 1970년 말에 첫 직장에 다닐 때는 여성친화정책이란 말조차 없었다. 여성들은 결혼하면, 또 아이를 낳으면 직장을 그만두는 게 상례였다. 여성의 역할은 가정을 지키는 것이라고 생각하는 시대였고, 여성의 경제활동이 제한되어 있었다. 지난 35년간 기업에 참여하는 한국 여성들이 빠르게 늘어났고, 지금의 한국 가정은 남편과 아내가 경제적 부담을 나누는 것을 선호한다. 여성 인력이 늘어난 만큼 기업문화도 직장여성들을 위해 빠르게 변화되어 왔다.

하지만 나는 감히 개인보다는 집단의 가치를 더 중요시하는 한국의 기업문화는 여성이 기업에서 성장하는 것을 저지하고 있다고 단정한다. 직장여성들을 위한 좋은 제도와 정책은 더 많아졌지만, 여성은 일과 생활의 균형유지를 위해 많은 난관들과 직면해야 한다는 것은 짐작하기 그리 어렵지 않다. 왜냐하면 한국 기업문화

는 여전히 여성 개인보다는 팀, 회사 전체에 더 무게를 두기 때문이다.

내가 한국에서 살았더라면 여성 엔지니어로 성장할 수 있었을까라고 자신에게 물어볼 때마다, 내 대답은 "아니, 직장을 중간에 포기했을 거야"이다. 미국의 개인주의적인 문화 덕분에 나는 여성 엔지니어로서 포기하지 않고 성장할 수 있었다. 미국 기업문화는 내 개인 생활을 존중해 주었고 매니저들과 동료 직원들은 성장통을 극복하도록 도움을 주었다.

더 많은 한국의 여성 엔지니어들이 성장하기 위해서 한국 기업문화가 집단보다는 개인주의로 변화하기를 촉구한다. 기업은 개인의 업무 성과를 더 존중하고, 두려움없이 개인이 능력을 발휘할 수 있는 환경을 제공하며, 최대한으로 개인의 생활을 보호하고 지원해야 한다.

문화의 변화는 장시간에 걸쳐 이루어지지만, 개인과 기업이, 그리고 사회가 다 같이 노력하면 조금씩 그 시간을 단축시킬 수 있다. 문화가 변하는 동안 한국 여성 엔지니어의 성장통은 계속될 것이다.

그 시간을 인내로 견디는 모든 한국 여성 엔지니어들에게 기립 박수를 보낸다.

우리가족사진

엔지니어링 분야에서
성공적인 리더가 된다는 것

Grace E. Park

플로리다대학에서 엔지니어링 학사학위를, 퍼듀대학교에서 박사학위를 받았다. 뉴저지에 본사를 둔 Becton Dickinson에서 9년 동안 글로벌 비즈니스를 위한 제품 엔지니어 포트폴리오를 관리하는 것뿐만이 아니라 새로운 제품개발 엔지니어팀의 리더와 기능 관리자 등을 포함하여 책임있는 다양한 역할을 맡았다. 2012년 Becton Dickinson (BD) 의료파트에서 기술혁신상(Technology Innovation Award)을 받았다. 현재 BD Medical의 Global infusion disposables business의 선임 R&D 관리자로 일하며, 현재 Korean-American Scientist and Engineer's Association 의 담당자 및 위원회 위원으로 활동하고 있다.

'리더십'은 오늘날 너무 진부한 단어가 되어버렸다. 우리는 아우라나 카리스마를 풍기는 사람을 묘사하기 위해서, 혹은 권위적인 지위를 가지고 있는 사람을 지칭할 때 '리더'라는 단어를 자주 사용한다. 아마도 그런 것이 리더라고 불리기에 충분한 것일지도 모르지만 아닐 수도 있다.

리더십에 관한 수백 권의 책을 훑는다면 훌륭한 리더가 되기 위한 비밀 공식이나 지름길이 존재하지 않음을 알수 있을 것이다. 내가 삶을 살아오면서, 그리고 리더십에 관한 책을 읽고 이야기를 들어오면서 스스로 알게 된 건, 내가 진정 누군지 알게 되고, 나 자신답게 행동할 용기를 가지게 될 때 비로소 리더십을 갖출 수 있다는 사실이다. 하지만 리더십을 지닌 리더가 되는 지름길은 없다. 왜냐하면 우리는 평생동안 자신이 누군지 알아내고, 무엇이 되기를 바라는지 알아내기 위해 시간을 소모하기 때문이다. 인생은 내가 누군지 알고, 무엇이 되기를 원하는지 발견하기 위한 여행과 같다. 용기를 내어 자신이 누군지 매일매일 알아내기 위해 노력하고 도전하며 자신을 성장시켜 나가는 것, 그것이 성공적 인생이라고 할 수 있다. 내가 누군지 아는 것이 왜 중요하며, 성공적인 여성 엔지니어가 되는 것과 어떤 관계가 있을까? 모든 것이 관련이 있다.

엔지니어란 도대체 누구이며 무엇을 하는 사람일까? 엔지니어의 일반적 정의는 대학에 다니고, 엔지니어링 학위를 수여한 특정한 사람들을 지칭한다. 하지만 나는 동의하지 않는다. 엔지니어는 문제에 어떻게 접근하는지 고민하고 연구하며 어떤 해결책을 만들어내는 사람이다. 한 개인이 진정한 엔지니어인지 알 수 있는 유일한 방법은 물음표이다. 그렇다면 성공적인 엔지니어가 된다는 것에서 '성공'이란 의미는 무엇일까?

'성공'이라는 말은 개인에 국한되어 쓰이는 경우가 많다. 몇몇 사람들은 "힘있는 직위와 높은 연봉을 받는다면 성공한 사람"이라고 말한다. 만약 이것이 객관적인 정의라면, 성공적인 위치의 사람들과 그렇지 못한 사람들을 구분하는 정확한 경계는 무엇일까? 우리는 이 세상에서 어떤 것이 우리를 진정으로 느끼게 하고 믿게 하는지 가슴속으로부터 정의를 내릴 필요가 있다. 어떤 것이 우리를 정말 흥미롭게 만들고, 시간을 헛되이 보내지 않았다고 믿게 만들까? 아마도 이것이 내가 정의하는 '성공'이라는 단어의 의미이다. 당신의 성공에 대한 관점은 무엇이며 당신이 성공적인 삶과 직업을 가졌다고 느끼게 하는 것은 무엇일까? 성공은 상당히 상대적이다. 나의 성공이 당신에게 성공이라고 보여지지 않을 수도 있고, 당신의 성공이 나에게 그렇지 않아 보일 수도 있다는 뜻이기도 하다.

'된다는 것'의 정의는 떨어지는 나이아가라의 폭포의 스냅샷이 모든 것을 보여주는 의미과 같이 까다롭다. 자연의 위대한 아름다움의 크기를 완벽하게 알기 위해, 당신은 물이 어디서부터 흐르는지, 얼마나 멀리 그리고 깊게 떨어지는지 보아야 하고, 관광객들의 얼굴을 비추어주는 거대한 수증기 구름을 만들어내는 각각의 물방울들에게 감사할 필요가 있다.

당신의 몸이 특정 자극에 어떻게 반응하는지, 특정 교감에 어떻게 감정이 일어나는지, 그리고 특정 사건 동안에 당신의 생각이 어디로 향해가는지 적극적으로 자기자신을 관찰해야 한다. 당신이 상상하지 못했던 당신을 발견할지도 모른다. 당신이 오랜 시간 함께 할 취미와 직업을 발견하게도 한다. 또 다른 누군가는 인지하지만 당신은 인지하지 못했던 점을 찾아낼 수도 있다. 혹은 실제보다 더 편협한 시각으로 바라보던 당신의 모습을 보게될지도 모른다.

지금까지 살아오는 동안 특정 성향이나 경험, 환경은 내 인생에 영향을 끼쳤지만 내가 무엇이 되는지, 미래에 무엇이 될지 결정을 짓는 요인은 아니었던 것 같다. 결론적으로, 개인적인 냉철한 판단과 함께 매일매일 했던 선택들이 인생의 다음 단계로 가는 길을 만들어 준 것은 확실하다. 이러한 내 삶의 경험들이 후배 여성엔지니어들로 하여금 자신을 발견하고 성공적인 직업과 삶을 위한 길을 찾는데 작은 도움이 되었으면 하는 바람이다.

흥미로움으로 충만했던 유년시절

나의 어린 시절을 돌이켜보면, 그 시절 가졌던 다양한 흥미를 떠올리게 된다. 무남독녀 외동딸로 자란 내게 초등학생 시절은 내 삶의 큰 부분을 차지한다. 특히 그 당시 읽었던 책은 나의 상상력과 사고를 확장시키는 중요한 도구가 되어주었다. 종교, 철학, 사회학, 심리학 책들이 있던 아버지의 서재는 흥미로움 가득했던 공간이었다. 다른 한국의 아이들처럼 나도 6세때부터 피아노를 배우기 시작했다. 음악을 좋아하기도 했지만 피아노를 계속해서 배우고 포기하지 않은 데는 두가지 이유가 있었다.

첫 번째 이유는 매주 일요일 예배시간에 아이들을 위해 피아노 연주를 해야했기 때문이다. 아버지는 목사이셨다. 훗날 성인이 되어서도 밴드와 성가대 활동은 지속되었다. 두 번째 이유는 어머니의 강력한 지지와 호응이 있었기 때문이다. 아이들은 공부하는데만 시간을 할애하고 피아노는 단순히 '노는 일'이라고 생각한 아버지와 달리 어머니는 그런 아버지와 논쟁을 하면서까지 나의 피이노 레슨비를 내주셨다. 어머니 덕분에 피아노를 계속할 수 있었다. 퍼즐, 미스터리 책, 롤러스케이트와 아이스스케이트, 줄넘기 등도 내가 즐겨했던 놀이다. 취미를 가지고, 일정 시간 동안 특정 운동을 반복한다면 그것이 삶, 또는 직업의 일부가 될 수도 있다.

종교적, 심리학적, 사회적으로 다른 관점에서 인류에 관하여 책을 읽은 것은 어린 시절 내가 사람을 공부하고 내 자신을 깊이 공부하게끔 만들었다. 이러한 흥미는 내 인생의 교육적, 개인적, 정신적, 그리고 프로페셔널한 경향의 일부가 되었다. 음악도 같은 맥락이다. 음악은 스트레스 해소법, 명상, 그리고 엔도르핀 강화제로서 내 인생의 중요한 역할을 하였다.

나의 유년시절을 돌이켜보면, 몇가지 공통점을 찾을수 있다. 복잡하고 별개의 이벤트들처럼 보이는 것에서 패턴과 단서를 찾는 것(예: 퍼즐, 추리소설, 수학문제), 독특하고 창조적인 방법으로 더 효과적이고 효율적으로 하는 것(매번 다른 방법으로 노래를 연주) 목적지로 도착하는데 가장 빠르고 쉬운 길을 계속하여 찾는 것(쉬운 해결책을 가지지 않은 문제를 해결할 기회를 가지는 것) 등이다.

이러한 내면의 흥미들을 가지고, 개인의 성격을 다듬는데 있어서 외적 환경요소들도 무시할 수는 없을 것이다. 1970년대, 서울에서 태어났고, 외동딸로 태어나 엄한 환경에서 자랐다. 13세때 미국 프롤리다의 마이애미로 이민을 갔고 사춘기는 새로운 환경에 적응하는 시간으로 채워졌다. 16세때는 부모님의 이혼을 마주해야 했다. 어머니와 나는 삼촌의 집으로 이사를 했고, 우리를 포함하여 9명이 한집에서 살았다. 그것이 내가 다른 아이들과 함께 산 첫 경험이다. 가족이 삼촌과 할아버지 할머니까지 확대되었고 3명의 어린 사촌들을 가진 가장 나이 많은 아이였다. 새로운 삶이 스타일에 적응하는 경험을 했다.

이러한 사적인 얘기까지 공유하는 이유는 여러분의 배경과 상황이 어떤 사람이 되는지 결정하지 않는다는 것을 알려주고 싶어서이다. 미국으로 이사하면서 부모님을 따라서 모든 친구들과 가족을 두고 온 것에 대한 억울함, 그리고 나를 그렇게 만든 부모님에 대한 반감이 있었고 완전히 새로운 언어를 배워야하고 미국에 적응해야한다는 사실에 대한 분개, 하지만 결정권 없는 나는 마지못해 따를 수밖에 없었다. 하지만 나는 금세 주어진 상황과 환경에 적응하기로 했다.

하지만 정류장에서 학교버스를 내릴 수 없어 길을 잃는 것에 대한 두려움, 영어로 말을 걸어오는 사람들에게 지능적으로 대답해줄수 없는 것에 대한 어려움을 극복하는 것은 쉽지 않았다. 이 어려움의 목록은 끝이 없었다. 우리는 모두 예상치 못한 상황이나 새로운 것, 혹은 계획되지 않은 일을 마주했을때 두려움을 느낀다. 하지만 이러한 상황들에 직면하게 되었을 때 나는 내 스스로 살아남기 위한 대응책들을 찾아내기 시작했고 깊이 생각하고 이성적으로 결정하도록 나를 훈련시켰다.

만약 내가 분노라든가 두려움 등의 감정들에 치우쳐 내 자신을 이끌게 놔두었다면, 아마도 오늘날의 내가 될 수 없었을 것이다. 그래서 상황에 잘 대처할수 있었다. 이는 문제에 대한 최선의 해결책을 만들거나 문제에 다가가는 가장 좋은 방법을 결정하도록 도와주었다.

뒤돌아보면, 이러한 상황들에 대한 나의 판단과 태도는 종종 문제 해결 방법을 만들어냈다. 대부분의 경우, 전에 말한 것과 같은 방해물을 마주할 때면, 감정과 문제해결 논리, 즉 이성적인 것 모두를 다루며 객관적인 관점으로 상황을 진행시킬 수 있었다. 이러한 것은 더한 도전을 가능하게 하였고, 나는 도전을 하고 정복할 수 있었다. 작은 성공을 이루어 내면, 작은 자신감이 내 안에서 자라났고, 이는 내가 여전히 걱정되고 두려웠음에도 더 큰 목표에 도전하는 것을 허락해주었다.

인생 진로를 위한 준비

고등학교 시절, 나는 수학과 물리 뒤에 숨어있는 논리와 이론을 배웠다. 논리적 사고는 나의 음악에서도 명확했으며 영문학, 문법과 쓰기에서도 나는 논리적으로 그것들에게 접근할 수 있었다. 끊임없이 반복을 피하고, 논리적 사고 과정에 타고난 문제해결 능력을 추가시켰다. 그러면서 엔지니어링이 나에게 맞는 분야라는 생각이 들었다. 하지만, 엔지니어링 중에서도 어떤 분야가 나에게 가장 잘 맞는지는 알지 못했다.

나의 전공과 학교 결정도 논리적이고 실행적이었다. 학교 레벨, 학비와 프로그램이 각기 다른 다섯 곳의 대학에 지원하였다. 두개의 학교는 최상급의 학교였지만 학비가 너무 비쌌다. 나는 세곳의 학교에서 합격통지를 받았고, 전액장학금과 보조금을 주는 플로리다대학에 진학하였다.

플로리다대학의 엔지니어 프로그램이 좋다는 것을 알았고, 나에게 더 잘 맞는 프로그램을 찾기로 결심했다. 대규모의 수업에서 길을 잃는 것보다 교수님께 더 가까이 다가갈 수 있도록 소규모의 그룹에서 배우고 공부하길 바랬다. 학과 사무실에 방문한 후로, 재료과학과 엔지니어링을 선택했는데 학부생들이 가장 적었고, 긴 역사와 확장된 연구, 그리고 실험을 포함하고 있어서 맘에 들었다.

학부생시절 나의 흥미는 엔지니어링에만 국한되지 않았다. 심리학, 사회학, 종교, 언문학, 음악 등 여러 수업도 들었다. 봉사활동은 해외로의 여행을 매년 가능하게 해주었고, 방문한 국가에서의 봉사뿐만 아니라 사람들과 인생에 대해 배울 수 있었고, 세계를 바라보는 안목도 넓힐 수 있었다. 좀더 확장된 안목과 생각으로 세상의 '옳고 그름'에 대해 보기 시작했다.

나의 학창시절을 되돌아보면, 학위를 취득하는 것이 성공 기준의 일부였지만, 유일한 목표는 아니었다. 이것은 졸업을 위한 학점을 따는 것보다는 '안전한' 환경이 삶속에서 필수의 경험과 기술을 보유하고 연습하는데 더 의미를 두었다. 내 자신에게 내가 누구인지 물어보기 시작했고, 직업에 대해 생각하게 되었고, 협력하는 세상에서 일을 하며, 세상속에서 나의 위치에 대해 정의하기 시작했다. 이 모든 것들은 대학에서의 5년동안 일어났다. 만약 내가 성적과 졸업을 위한 학점에만 신경을 썼다면, 내 인생에서 많은 것들을 놓쳤을 것이다. 새로운 것에 시도하는 것은 대학생들에게 더 쉽게 허용되는 일이다. 인생을 살아갈수록 삶을 바로잡는 것은 쉽지 않다. 하지만 불가능하지는 않다. 다만 위험을 감수해야할 뿐이다.

'남은 인생동안 난 무엇을 할까?'라는 피할수 없는 질문이 대학교 3학년때부터 내 귀에 맴돌기 시작했다. 특히, Kimberly Clark에서의 인턴 경험 이후 더해졌다. 산업직군을 고려하는 사람들에게, 대학교 2학년에서 4학년 사이에 짧은 경험이라도 해보기를 권유한다. 이것은 졸업 후 무엇을 할지를 결정하기 전에 반드시 해야할 경험이다. 이러한 경험은 스폰을 받을 필요도, 월급을 받을 필요도, 정규 인턴십일 필요도 없다. 여름이나 겨울방학의 현장실습, 봉사활동을 찾아보고, 부모님이나 부모님 친구분들이 당신이 흥미있어하는 분야에 있는지 알아볼 것을 강력히 권유한다.

다양한 인턴십을 시작하기 전에, 자신에게 어떤 종류의 인턴십을 하고 싶고 무엇을 배우고 싶은지 물어보라. 인턴십 기회를 위한 목표나 갈망하는 결과를 가지는 것도 중요하다. 인턴십을 마치면, 매우 다른 결과물을 가지고 있을지도 모르지만, 분명한 목표와 함께 시작하라. 예를 들어, 당신이 화학공학을 공부한다면, 석유화학 회사만이 당신이 탐험해야 할 유일한 곳이 아니다. 그 학위를 가지고 어떤 타입의 일을 하고 싶은지 먼저 알아내야 한다. Bench Research Scientist가 되고 싶은지 Material Formulation이나 Technology를 개발하고 싶은지 아니면 상업제품을 개발하고 싶은지 자신에게 물어야 한다.

회사에서 인턴으로 일한 것은 아주 좋은 경험이었다. 하는 일과 그들이 무엇을 하는지를 이해하기 위해 그들을 관찰하고 인터뷰하는데 시간을 사용했다. 그런 가운데 나의 강점과 약점을 발견할 뿐만 아니라 내가 무엇을 즐기고 그렇지 않은지도 알 수 있게 되었다. 그리고 나의 기대에 만족하기 위해 조금더 어려운 단계의 학업을 하고 싶어하는지 깨닫게 해주었다. 이러한 경험들로부터 얻은 통찰력은 졸업 후 나의 인생에 있어서 아주 중요한 결정요소가 되었다.

졸업 후 나는 Medical Opplication (의료공학)으로 석사와 석박사 통합과정 프로그램을 제공하는 다양한 학교에 지원하였다. 다른 누군가의 삶을 더 낫게 해주는데 일생을 바치고 싶었다. 의대진학도 생각했고, 헬스케어 전문가도 생각했다. 하지만 의사의 일상을 생각하니 그 결정을 할 수 없었다. 만약 새로운 것을 만들고 문제에 대한 최적의 해결책을 위해 정보를 통합하는 것이 일상이 되지 않는다면 나는 분명히 지루

해 했을 것이다.

운이 좋게도, 석사를 필수로 요구하지 않는 박사과정을 들을 수 있게 되었다. 석박통합과정을 포함하여 다양한 석사 프로그램에 지원하였다. 퍼듀대학에서 박사학위를 따기로 결정했다. 먼곳으로 가서 대학원 과정을 공부하겠단 결정을 내린 것은 인디애나 주에 있는 대학원으로 떠나기 한 달 전 미래의 남편과 만나서 데이트하였을 무렵이다. 채 서로를 알기도 전에 멀리 떨어져 지내며 장거리 연애를 한다는 일은 녹록지 않은 일이 분명했다. 너무 많은 노력을 해야 한다는 의미다. 새로운 인생을 시작할 때 장거리로 연애를 하는 건 위험을 감수하는 일이었음에도 불구하고, 나는 시도해보기로 하였다.

그는 3개월 만에 나에게 결혼하자 하였고, 두 달후 한국에서 그의 부모님을 뵈었고, 우리는 첫 데이트한지 1년도 안되어 결혼을 했다. 그렇다고 내가 공부를 하지 않았다는 건 아니다. 매일매일 실험실에 있었고, 필수과목을 들으며 일년 반동안 Qualifying Exam을 보고 3학년 때는 Preliminary Exam을 치렀다.

Preliminary Exam 프리젠테이션을 할 당시, 첫째 아이를 임신하고 있었는데 생화학 기말고사가 있던 날 아이를 출산할 것만 같아 시험을 볼 수 없었다. 아이를 가진 채 기말고사를 공부하는 것은 쉽지 않았다. 하나의 위안은 배 위에 책을 올려 놓고 볼 수 있었다는 점이다.

아이가 태어난 후 우리의 삶은 완전히 바뀌었고 아이를 돌보기 위해 빨리 어른이 되어야 했다. 내 자신보다 다른 개인을 돌보는 법을 배우는 일은 쉽지 않았지만, 인생에서 가치있는 것을 배울 기회를 제공해주었다. 아무튼 대학원을 다니며 나는 공부를 하며 아이를 키우는 과정을 통해 어떻게 문제를 해결하고, 어떻게 시간을 활용해야하는지 깨닫게 되었다. 공부하기만으로도 벅찼지만 나는 개인적인 삶을 멈추길 바라지 않았다. 대학원에서 보낸 4년 반의 시간은 내가 예상했던 것보다 길었다. 왜냐하면

첫아이를 출산하고 첫 학기를 쉰 데다가 이론을 마무리하는 것은 오래 걸렸고 이론에 대한 방어를 준비하는 동안 둘째아이를 임신했기 때문이다. 하지만 나는 다시 돌아갈 수 있다하더라도 그 시간을 되돌리고 싶지는 않다.

대학원을 다니는 학생이라면 그 후에 학문의 길로 갈 것인지 기업의 길로 갈 것인지 심사숙고한다. 나는 학문과 기업 간의 비교를 하며 질병 치료제 개발을 위해 오랜 시간의 연구를 하기를 원하는지, 더 짧은 시간내에 사람들에게 직접적 편의를 줄 수 있는 제품을 개발할 것인지 내 자신에게 물어보았다. 그리고 빠르고 지속적인 변화를 가지는 기업환경이 내게 더 잘 어울린다는 판단을 내렸다.

나와 맞는 회사를 어떻게 찾을 것인가?

세상에 긍정적 영향을 주는 사람이 되고자 하는 꿈을 회사에서 어떻게 실현시킬지, 또 그 기회가 언제 주어질지 발견하는 것은 어려운 일이다. 핵심 내용은 같을 수 있지만 기업문화와 과정은 당신의 가치관이나 삶과 갖지 않을 수도 있다. 그걸 파악하는 중요한 방법이 기업조사와 대면 면접이다. 짧은 만남 동안 당신은 회사에 대해 알게 되고 첫인상과 함께 그 기업이 당신과 맞는지 직감적으로 인지할수 있을 것이다.

만약 우리가 옳은 직장을 선택하는 결정을 감정과 회사, 제품, 인터뷰, 사람들과의 대면에 의존한다면 회사를 선택할 때 고려해야 할 중요한 요소를 빼먹을 수도 있다. 그보다는 아래와 같은 질문들을 통해 결정하는데 기본이 되는 것들을 아는 것이 중요하다고 말하고 싶다.

– 왜 이 특정 회사를 선택했나?

– 만약 있다면, 이 회사의 어떤 점이 매력적이지 못한가?

– 다른 종류, 장소, 산업은 어떤가?

– 이 회사에서 어떤 점이 사라진다면, 당신이 만족할 것인가?

- 내가 오늘날 이 회사에 할 수 있는 일은 무엇인가? 내가 향후 10년 잠재적인 공헌을 할 수 있는 것이 무엇인가?
- 이 회사에서, 혹은 함께 내가 어떻게 성장할 수 있을 것인가?
- 이 회사의 문화와 가치에 내가 부합하는가?
- 회사의 가치와 비전이 나의 세계를 보는 관점과 가치와 동일한가?
- 유동적인 업무시간과 식사시간이 가능한가?
- 혜택과 복지가 나의 기대에 부합하는가? 나의 기대가 오늘날 산업 현실과 부합되는가?

이 목록은 더 길어질 수 있다. 당신이 중요하게 생각하는 것에 근거하여, 당신만의 리스트를 만들고 답을 내려보는 것은 좋은 생각이다. 이 리스트는 마음, 생각, 원칙, 감정, 일상 취미를 관찰하는 경향이 있다. 만약 우리가 답들을 얻기 위해 우리 자신을 들여다보지 않는다면, 책, 미디어 등에서 오는 추정되는 답변을 내리게 될 것이다. 만약 우리가 우리 자신의 감정과 생각을 알아내는데 노력하지 않는다면, 그 결정은 외부 정보와 우리 뇌 속의 편견에 의존에 따르게 될 것이다.

Becton Dickinson이라는 의료기기 회사와 인터뷰 할 기회가 왔을 때 나는 숙제를 하였다. 만약 회사가 인터뷰를 보기 위해 인디애나에서 뉴저지까지 여행하는 경비에 투자를 한다면, 나는 최대한의 능력으로 회사가 나의 잠재성 적합도를 평가하는 것을 이해시키도록 노력해야 한다. 나는 회사의 비전, 미션, 가치, 그리고 생산되는 제품들을 알고 싶었다.

웹사이트에서 회사 가치를 읽자마자 내 심장은 인터뷰 기대와 흥분으로 뛰기 시작했다. 일전의 다른 기업과의 인터뷰는 이러한 흥분을 주지 못했다. 회사의 핵심 가치는 마치 회사 웹사이트에 쓰여있던 것처럼 나의 마음에도 공명되어 울렸다. 일전에 직원이었던 사람들의 후기 등을 보니 회사의 가치와 정확히 부합했다. 인터뷰는 예상보다 잘 진행되었고 나는 기술, 능력, 태도에 높은 점수를 얻었다. 며칠 안으로 입사 권유가 있었다.

직장을 가졌다면, 이제 어디로 가야하나?

첫 출근을 해서 박사학위의 자만심은 나를 위해 던져버려야 했다. 의료기기, 디자인 컨트롤, 좋은 제조 과정, Technical 글쓰기, 그리고 손수 디자인하는 것과 테스팅에 관하여 나는 아주 조금 알고 있는 신입사원에 불과했다. 나의 경험과 지식을 살려 회사에 도움을 줄 수 있을 것이라 생각했지만, 현실은 새로운 정보들과 배워야 할 것들로 넘쳐났다.

어떤 신입사원은 조급한 마음에 3개월 동안 모든 걸 배우기를 기대한다. 하지만 그 업무에 관해 아무 경험이 없다면 적어도 6~12개월 동안 강도 높은 트레이닝과 코칭, 업무 관련 실습 과정을 거쳐야 능숙해질 수 있다. 만약 당신이 넓은 사고를 가지고 있고 다른사람들로부터 배우면서 어떻게 무엇을 하는지 관찰한다면, 그것들은 여러 방면에서 도움이 될 것이다.

일을 어떻게 하는지 빨리 배우는 것 뿐아니라 다양한 사람들이 어떻게 다른 스타일과 방법으로 공통의 목표를 향해 일을 하는 것도 터득하게 된다. 이것은 함께 일하고 조직화된 체계에서 매우 중요하다. 우리는 모두 개인의 취향과 독특한 스타일이 있다. 하나의 팀으로 일할 때, 각 팀의 일원은 그 팀원의 일부다. 다른 팀원들이 의사소통하는 방법 등을 배우고 공부하고, 그들 각각의 역할을 이해하고자 한다면 당신의 성향과 관점은 거대하게 확장될 것이다.

나는 회사 업무상 세계 모든 대륙의 사람들과 교감할 기회를 가질 수 있었다. 나의 동료들은 싱가포르, 스페인, 인도, 브라질, 미국, 멕시코 등에 있었는데 만약 각 나라별 현지 문화와 의사소통 스타일, 업무 정책, 행동 경향 등에 대하여 공부하는데 시간을 투자하지 않았다면 그들과 교감하고 관계를 발전시키는 것은 무척이나 힘들었을 것이다. 덕분에 전세계로 확장된 시야를 가질 수 있었다. 사람들, 문화, 그들의 환경, 그들이 말하는 것 뒤에 숨은 속뜻, 그외의 것들을 이해하는데 추가적인 노력을 한 것은 결코 쓸모없는 것이 아니었다. 내가 자라온 작은 세계를 넘어서 큰 세계를 포용할 수 있었고 나의 커리어 야망을 성장시키는 자양분이 되었다.

나는 인생 여행 중

나는 매일 조금씩 성장하기로 목표를 세웠다. 그리고 매일 내 자신을 조금씩 내려놓으며 내어주기로 마음 먹었다. 내 자신을 오픈하고, 용기를 필요로 하는 개인적인 이야기의 공유, 가장 좋은 조언을 해주기 위해서는 에너지를 소모하고 또한 시간을 필요로 한다. 하지만, 다른 누군가에게 그들의 잠재적 성장과 발전을 위해 쓰인다면 나는 기꺼이 즐기면서 할 것이다.

나는 인생 여행 중이다. 나는 감히 내 방식의 여행이 흥미롭다고 말할 수 있다. 당신도 나와 함께, 더불어 함께 사는 삶 속에서 자신을 발견하고 성장시키는 여행에 동참하기를 권유한다.

나의 이야기

Kook-Wha Koh

서울대학교에서 화학공학과 학사와 석사 학위를 받고 도미하여 아이오와대학교에서 박사학위를 받았다. 자동차 및 산업용 윤활유 제조와 화학 관련 회사인 Chrysan의 창업자로 40년 가까이 기업을 이끌었으며 관련 기술 논문이 기술 잡지에 게재되었다. 2015, 2016 윤활유 기술잡지인 TLT (Tribology Lubrication Technology)의 기술 에디터로 선정되었다.

백두산에서 태어나다

백두산은 한국의 가장 높은 산입니다. 이곳은 강함과 인내, 번영과 영원의 상징으로써 한국 사람들에게 숭배되는 곳이죠. 백두산의 정상은 천지라는 화산 호수가 있는데, 천지는 천국, 혹은 하늘의 호수라는 의미입니다. 할머니, 할아버지, 그리고 부모님도 저에게 말씀해주시진 않았지만, 조상님들 중 한 분 또는 그 이상이 정부에 반기를 들었고 유배처럼 보내진 곳이 바로 백두산 부근이었습니다. 삼수라는 동네는 1910년부터 1932년까지 유배지로 특히나 유명한 장소였다고 합니다. 그 후 수십 년 동안, 저의 조상님들은 백두산의 그림자속에서 태어났고, 묻혔습니다.

저는 부모님께 왜, 그리고 얼마나 오래 저의 조상님들이 삼수에 사셨는지 물어본 적이 없습니다. 저는 그들이 왜 그곳을 떠나지 않았는지 고민하였습니다. 아마도 그들은 평화롭고, 조용하며, 경쟁이 없는 그 환경을 좋아했을지도 모릅니다. 아마도 그들은 망명의 삶을 탈피하여 도시로 돌아오는지 방법을 몰랐을 수도 있습니다. 80년 전에 그 지역에는 전기도 물도 없었습니다. 우리는 등유 램프를 사용하였고, 나무와 석탄으로 불을 피워 요리를 하였으며, 마을의 공동 우물에서 마시는 물을 얻었습니다. 여름날에는 강가에서 빨래를 하곤 했습니다. 하지만 추운 겨울날은 가능하지 않았습니다.

산과 절벽진 지형 때문에, 그곳에는 마땅한 경작지도 없었습니다. 우리의 농장은 백두산 남쪽면에 있는 언덕 위에 있었는데 모래와 돌들이 많이 있었습니다. 그럼에도 불구하고, 그곳은 아버지와 할아버지께서 감자, 옥수수, 메밀 등을 수확하시기에는 충분하였습니다. 메밀은 북한의 주요작물이기도 합니다. 저의 어머니와 할머니께서는 메밀을 가루로 갈아 그것으로 회색빛의 냉면을 만들었습니다.

저는 자라는 동안, 소들과 함께 지냈습니다. 소들은 제가 살고 있는 곳 지붕 아래에서 있었고 돼지와 닭들은 밖에서 길러졌습니다. 소들을 왜 집 안에서 키웠는지 의아해 하실 수도 있겠지만 추측컨데 아마도 닭들과 돼지보다 소들이 더 가치 있는 자산이기에 숲속에 있는 야생동물의 습격으로부터 보호하기 위해 집안에 들인 것이라고 생각됩니다. 저는 아직도 할머니께서 이른 아침 종종 호랑이에 의해 새끼돼지를 잃으셨을때 소리지르시던 것이 기억납니다.

부엌과 소를 기르는 헛간 사이에는 벽이 없습니다. 그리고 부엌과 거실사이에도 벽이 없었습니다. 거실은 밥을 먹고, 놀고, 바느질하고, 잠을 자는 가장 주요한 활동공간이였습니다. 헛간, 부엌, 거실은 곧 한 공간이였습니다. 매일 아침 저는 소의 울음소리, 부엌에서 나오는 김치찌개 냄새에 잠에서 일어나곤 했습니다. 그러면 소가 아침을 먹으며 커다란 눈을 뜨고 부엌을 바라보며 서 있던 것을 볼 수 있었습니다.

저는 1936년 7월 11일 산속 마을에서 첫 울음을 터뜨렸습니다. 맑은 공기와 수정처럼 깨끗한 물, 아름다운 숲과 야생동물들 가운데서 삶을 시작했죠. 원시적이고 단순한 삶이었고, 저는 부모님과 할머니, 할아버지로부터 끝없는 사랑을 받았습니다.

1940년, 중국의 만주에 부모님에게 새로운 기회가 열렸습니다. 아버지는 1945년까지 일본 군사시설에서 트럭을 수리하는 기술자로 일을 하셨습니다. 1945년 8월 15일 정오, 일본 통치자가 무조건적인 항복을 선언했고, 세계2차대전은 막을 내렸습니다. 그와 함께 우리의 4년 반 동안의 만주생활도 끝나고 1945년 10월 저희 가족은 중국과 북한의 경계, 그리고 38선을 넘어 남한으로 내려왔습니다. 서울에서 북서쪽 40마일 지점에 위치한 개성에 정착하였습니다. 그 당시에 개성은 남한의 지역이였지만 지금은 북한에 속한 곳이죠.

부모님, 할머니와 할아버지, 급우들과 선생님들의 무한한 사랑으로 저는 초등학교를 졸업하고 문 교장선생님의 강한 리더십과 비전이 있는 숙명여고에서 새로운 삶을 시작했습니다. 한국의 여성들은 수동적이고 남자에게 복종적인 존재로 여겨지던 때였습니다. 부인은 남편의 한 걸음 뒤에서 등에는 아기를 업고, 양손으로 짐을 든 채 걷는 것이 당연히 여겨지던 때였습니다. 하지만, 사실 한국여자들은 세계에서 가장 강한 여성입니다. USA잡지에는 이렇게 표현되어있습니다. "Powerful Woman in the World, Korean Woman." 유명한 잡지에는 한국의 여성들은 사람들 앞에서는 순종적으로 보이지만, 그들의 남편에게 말하는 방법, 달콤하게 잠자리에서 나누는 정담을 알고있다고 묘사되어 있습니다.

문 교장선생님의 야망은 고등교육이 전문 여성 직업과 그 다음 난계의 한국사회를 연결시켜 주는 것을 추구하는 것이었습니다. 복종적일뿐만 아니라 좋은 엄마들이면서, 동시에 정치, 과학, 기술 및 사업 세계에 관해서도 포함되기를 바라셨습니다. 1950년대 한국전쟁 당시에는 여성들이 사회에서 활동할 기회가 주어지지 않았습니다. 문 교장선생님은 숙명여자고등학교에서 의사, 상임위원, CEO, 엔지니어, 예술가, 음악인 등 한국 사회에서 저명한 여성리더들을 많이 배출하였습니다. 그녀는 저의 멘토 중 한분이 되셨고, 저를 야단치지 않으면서 긍정적인 자세로 이끌어 주셨습니다.

꿈을 키운 서울대학교 화학공학과

저는 엔지니어의 꿈을 갖고 서울대학교에 입학했습니다.

1950년대 후반에서 1960년대 초까지, 저는 화학공학과에서 눈에 띌 수밖에 없는 학생이었습니다. 저와 저의 여성 동료들은 2,000명의 학생들 중 1%도 되지 않았기 때문이죠. 1960년, 한국은 산업인프라를 구축하기 시작하였는데 이것은 시멘트와 석유화학사업으로부터 시작하였습니다. 직물산업 또한 시작되고 정유업계도 설립되었습니다. 그리고 그들은 엔지니어를 필요로 하게 되었죠.

저의 학과에는 40명의 학생이 있었습니다. 22명은 그들이 졸업한 고등학교에서 수석을 하던 친구들로 다른 친구들 또한 고등학교에서 모두 상위권이었습니다. 서울대학교를 졸업하게 되면, 직장은 보장되고, 해외에서 트레이닝 받을 큰 기회도 열릴뿐더러 좋은 집안의 가족들과 결혼할 기회까지 주어지던 시절이었습니다.

서울대학교는 미네소타대학과 자매결연을 맺고 있었는데 이 프로그램은 교수진 등을 교환하였고, 실험 장비 보조를 제공받았으며, 화학산업에 필요한 기술자들을 교육시켰습니다. 젊은 교수들은 새로운 주제 커리큘럼을 가지고 등장하였는데 그 강의는 매우 흥미로웠고, 저희를 아주 열정적으로 가르쳐주었습니다. 하지만 저는 내면 갈등을 겪고 있었고 마치 사막위에서 길을 잃은 것만 같았습니다. 혼란스러웠고 희망조차 없었습니다. 매일 밤 저는 생각했습니다 '왜 대학교를 가야하지? 무슨 목적을 위해서?' 이러한 내면 갈등은 저를 학업으로부터 멀리하게 하였고, 대학생활을 흥미없게 만들었습니다. 저는 수업의 뒷꽁무니를 쫓아갈 뿐이었습니다. 종종 시험에 탈락하는 악몽까지 꾸었습니다. 학교가 불에 타 더 이상 시험이 없게 해달라고 소원을 빈 적이 한 두 번이 아닙니다. 하지만, 젊음의 에너지, 과학을 향한 호기심, 그리고 엔지니어라 되기 위한 제 자신감은 제가 학교에 남아있도록 해주었습니다. 혹은, 사랑을 향한 저의 갈망과 찾음이 제가 대학교에 다니도록 만들었는지도 모릅니다. 저는 저의 미래를 몰랐습니다.

1957년 여름은 달랐습니다. 이 교수님께서 똑똑하고 열심히 일하는 여학생인 숭식이, 두 명의 남학생, 그리고 저를 여름 연구에 참여시켰습니다. 그것은 석탄으로부터 가솔린을 만들어 내기 위한 석탄 가스화 프로젝트였습니다. 그 여름 프로젝트는 제가 사회에 나가는데 디딤돌이 되었습니다. 제가 그 여름 연구를 할 수 있었던 건 행운이었고, 특히 실험실에서 일할 수 있는 건 큰 기회였습니다. Kwang은 대학원생이였습니다. 그는 이 교수님 아래에서 그의 석사 프로그램으로 석탄 가스화 실험을 하고 있는 중이었습니다. Kwang은 모든 프로젝트를 지휘하였습니다. 우리는 결과를 토의하고 그로부터 나아가야 할 과제들을 부여받았습니다. 석탄 가스화 실험에서 생산된 가스를 분석하기 위하여 Kwnag과 우리 팀은 가스 크로마토그래프를 만들었고, 그것을 수집하여 데이터를 분석하는데 사용하였습니다. 가스 크로마토그래프와 같은 새로운 기구들은 미국과 다른나라에서 구입하여야만 했습니다. 그리고 그 비용은 R&D 예산에서 사용되었습니다. 기구들을 받는 데는 주문하고 1년의 시간이 걸렸습니다. 달러 부족으로 인하여, 서울대학교와 정부는 가능한한 달러 사용에 제한을 두던 때였습니다.

Kwang은 22살이고 저는 20살이었습니다. 그는 데이터에 대해 예민하였고 분석에 명료하였습니다. 6주가 지난 뒤에야 그 프로젝트는 끝이 났습니다. 여름은 지나갔고 우리는 또 다른 학기를 준비하였습니다. 만약 독일처럼 우리가 석탄을 가솔린, 혹은 기름으로 바꿀 수 있었다면 그것은 국가의 자랑이 되고 에너지 정책에 중요하게 사용될 것이었습니다. 이 교수님이 석탄 가스화에 심혈을 기울인 이유도 남한에 자체적인 에너지 프로그램을 만들기 위해서였습니다.

1958년 1월 1일, 한국의 한 유명 일간지에는 우리가 여름 동안 Kwang과 이 교수님을 위해 했던 석탄가스화와 액화에 관하여 큰 기사가 실렸습니다. 우리는 모두 그 기사에 흥분하였고, 친구들과 급우들에게 축하를 받았습니다. Kwang은 아이오와주립대학교를 졸업한 후 석탄 가스화 실험을 바탕으로 한 합성연료 프로그램으로 1968년 텍사스 Bay town의 Exon에 취직하였습니다. 그는 후에 미시간 디트로

이트로 옮겨 American Natural Resource (현재는 Coastal Company로 불린다)의 미시간 합성연료 프로그램에 참여할 큰 기회를 얻게 되었습니다.

이 교수님의 비전은 그 당시에 정확하였습니다. 하지만 현재, 만약 한국 정부가 석탄 가스화 공장을 설립하려 노력한다면 공장에서 발생되는 오염물질 방출은 피할 수 없을 것입니다.

Kwang과 국화의 미국으로의 여행

1960년, 존 에프 케네디 대통령은 10년 안에 사람을 달에 보내겠다는 꿈을 꾸었고, 마틴 루터 킹 목사는 피부색과 상관없이 하나의 국가와 인종을 꿈꾸었습니다. 한국에서 학생들은 유학을 꿈꾸었는데 특히 미국으로의 유학을 희망했습니다. 몇몇 학생들은 대학원 과정을 외국에서 받는 반면, 몇몇의 학생들은 학부를 외국에서 공부할 행운을 얻었습니다. 언어 장벽은 그들이 여기 미국에서 꿈을 쫓는데 방해물이 되지 못했죠. 그들은 그들을 기다리고 있는 새롭고 방대한 아이디어들과 기술들을 알고 있었습니다.

Kwang과 저는 각자의 꿈이 있었습니다. 그의 꿈은 더 구체적이었습니다. 그는 박사학위를 받고 서울대학교의 교수가 되기를 바랐고 저는 엔지니어링 Ph.D를 따서 분야의 최고가 되고 싶었습니다. Kwang은 1964년에 아이오와에, 저는 1965년에 도착하였습니다. 우리는 생기발랄한 화학공학과의 대학원생이자 부부의 연을 맺은 사이였습니다. 우리는 아이오와대학교의 장학금을 받았고, 우리 앞에 있는 새로운 기회들에 흥분하였습니다.

Karl Kammermeyer는 아이오와대학 화학공학부의 학장이였는데, 저는 시가를 물고 있지 않은 그를 본 적이 없습니다. 시가 냄새만으로 그가 우리 연구실로 오고 있음을 알 수 있었습니다. Karl Kammermeye 교수님은 저를 Kwang의 옆자리에 배정해 주었고 환영해 주었습니다. 화학공학부서는 화학빌딩에 있었는데 Karl Kammermeye 교수님은 kwang의 어드바이저였고, Osborn 교수님은 저의 어드바이저였습니다. 첫째날, Karl Kammermeyer 교수님은 저희에게 집, 실험실, 모든 공간에서 영어만을 사용하도록 말하였습니다. 그는 "너희가 영어를 항상 사용한다고 모국어를 잃어버리지 않을 것이야. 그리고 영어를 더 빨리 배울수 있을거야" 라고 하였습니다. 불행히도, 우리는 그의 충고를 받아들이지 않았고, 첫 번째 구두 쪽지시험에서 우리의 혀는 굳어 있었습니다.

나의 소중한 세 아들

대학원생 아파트는 예전에 군용 막사로 사용되던 곳으로 대학에서 부엌과 두개의 방으로 만들어 매달 30달러의 렌트비를 내게 하고 사용하게 했는데 각종 비용이 포함되어 있었습니다. 두 명의 건강한 아들들, 석규와 은규는 이 아파트에서 태어났고, 남편과 저는 그곳에서 대학원를 졸업하였습니다. 진규는 저의 맏아들이었는데 저의 부모님과 3년 반을 함께 살다가 1968년 저희에게 왔습니다. 그는 저희와 1년여 간 함께 살았습니다. 1985년 즈음, 우리는 살던 그 아파트를 찾으러 아이오와에 가보았지만 건물이 없었습니다. 건물이 있던 자리에는 5층짜리의 신식 대학원생 아파트가 있었습니다.

Chrysan의 탄생

제가 보스가 되어야겠다는 강력한 갈망과 꿈은 거의 아무것도 없는 빈손이었음에도 윤활유와 화학 회사를 설립하자는 결심을 하도록 만들었습니다. 남편과 저는 도합 50년이 넘는 화학산업에서의 경험이 있었기에 그걸 바탕으로 사업을 시작할 용기를 냈던 거죠. 저는 우리 사업을 성공으로 이끌어줄 거란 확신이 있었습니다.

저의 이름인 국화, 즉 영어로 Chrysanthemum에서 회사 상호를 짓기로 했습니다. 매우 훌륭한 아이디어였지만 Chrysanthemum은 너무 길어 절반으로 줄여 Chrysan으로 결정하였습니다. Chrysan으로 사업등록을 하기 전, 우리는 디트로이트 다운타운의 동쪽으로 1마일여 떨어진 Beaufait Avenue에 빌딩을 구입하였습니다. 그 빌딩은 25,000피트의 웨어하우스 공간, 두개의 로딩독과 높은 천장이 있었습니다. 그 빌딩은 오래되었지만 우리의 새로운 회사의 수많은 윤활유 드럼통을 쌓아놓기에 충분한 공간을 가지고 있었습니다.

1977년, 디트로이트 다운타운에 위치한 미국중소기업청은 매주 토요일 각기 다른 세미나를 제공하였고 모든 프로그램은 무료였습니다. 그중 하나는 Service Corps of Retired Executives (SCORE)였는데 이는 컨설팅프로그램으로서 은퇴한 대표들이 작은 기업들에게 시간을 내어 상담을 해주었습니다. 저는 이러한 세미나와 컨설팅을 최대한 활용하였습니다. 이들 세미나에서 그들은 우리에게 1년 내에 95%의 소기업이 실패하고, 2년 차에 남아있는 5%에서 80%의 기업이 실패한다고 말해주었습니다. 저는 이러한 통계가 저에게는 적용되지 않을 것이라고 생각하였습니다. 저는 성공할 자신이 있었습니다.

어느 누가 자신의 성공을 믿지 않겠습니까? 1990년 10월, 우리는 Chrysan 본사를 디트로이트 다운타운에서 미시건 Plymouth의 Metro West Industrial Park로 옮겼습니다. 그 이후로, 그곳은 주요 활동지가 되었습니다. 남편과 저는 보통의 회사 소유주들이 그러는 것보다 더 많은 직책을 감당하였습니다. 남편은 트럭운전사, 회계사, 제품유지 매니저, 그리고 동시에 전기 수리공이였습니다. 언제든지 모든 가족이 Chrysan에서 일하였습니다. 당연히 주말에도 남편과 아이들은 축구 연습이나 경기를 마친 후 공장에 와서 공장이나 제품들을 청소하였습니다. 종종, 한밤중에 우리는 다음날 오전에 보내기 위하여 2,000갤런의 믹싱탱크 안에 제품을 만들어내기도 하였습니다. 가족 모두가 한밤중에 일을 하는 것을 싫어하였지만, 우리는 약속된 시간에 물건을 배달하기 위해서 그래야만 했습니다. 우리는 고객들이 행복하기를 바랐습니다. 행복한 고객은 우리에게 더 많은 비즈니스를 의미합니다.

남편은 West Bloomfield에서 디트로이드까지 직접 운전을 했습니다. 그는 한마디도 하지 않았습니다. 아이들은 뒷좌석에서 잠들었습니다. 아무도 행복하지 않았습니다. 저는 그들에게 미안했습니다. 다음날 아침, 아이들은 학교에 가야했고, 남편은 다시 일하러 가야했습니다. 저는 모든 걸 저 혼자 할 수 있기를 소원했습니다. 공장에 가면, 그들은 남편의 지시 아래 빠르고 효율적으로 일하였고 우리는 항상 약속된 시간에 제품을 완성시킬수 있었습니다. 아침이면 저는 폐 깊이 숨을 내쉬었고 무한한 자신감과 일을 마쳤다는 것에 감사하였습니다.

우리 사업의 목표는 우리의 소중한 고객들에게 지속적인 서비스와 고품질의 제품을 제공하는 것이었습니다. 모든 직원들과 가족들은 이 목표를 향해 헌신하였습니다. 1985년과 1986년, 저는 일주일에 세 번, 월요일, 수요일, 금요일에 인디아나주에 있는 크라이슬러 코코모 트랜스미션 공장에 갔습니다. 자동차로 왕복 500마일의 거리였습니다. 하루에 여러 개의 공장을 가기 위해서, 저는 이른 아침 디트로이트를 떠나 늦은 밤까지 집에 돌아오지 못했습니다.

저는 피곤하고 졸렸고, 가는 길에 있는 모든 휴게소에서 멈추었습니다. 다음 휴게소까지 졸음을 참을 수 없을 것 같으면, 저는 길가에 차를 대고, 문을 잠그고 잠을 잤습니다. 몇 번은 경찰차가 저의 얼굴에 자동차 플래시로 비추고, 유리를 톡톡 치며 깨우기도 했습니다. 그들이 저에게 말하더군요. "고속도로에서 잠을 자는 건 위험합니다. 휴게소에서 쉬세요."

한 번은 휴게소에서 돼지들의 울음소리에 깬 적도 있습니다. 돼지들을 싣는 트럭이 저 의 옆에 주차했었습니다. 그때 시간이 새벽 5시였습니다. 10~20분 눈만 붙인다고 한 것이 2시간 동안이나 휴게소에서 잠을 자고 말았던 것입니다. 집으로 가기까지는 아직도 2시간이나 더 가야했습니다. 진, 석, 은이 7시에 학교에 가야 하는데, 그들이 떠나기 전에 봐주지 못한다는 사실이 마음이 아팠습니다. 저의 몸과 마음은 사업, 새로운 고객들, 그리고 Chrysan의 제품들에만 쏠려있었습니다.

1985년 12월 중순, 저는 사람을 한시간 반동안 기다린 적이 있습니다. 항상 그랬듯이 저는 기다리는 동안 읽을 윤활유 관련 잡지나 무언가를 가지고 갔습니다. 30분의 기다림은 60분까지 늘어났습니다. 건물 문을 열고 사람이 들어올 때마다. 12월의 찬 겨울바람이 저의 발과 뺨을 쳤습니다. 기다리는데 짜증이 났지만 저는 제 자신에게 괜찮다고 했습니다. 하지만, 제 몸은 괜찮지 않았습니다. 저는 아팠고, 단순히 그걸 인지하지 못하였을 뿐입니다. 아파보이는 저는 사람들에 의해 건물이 응급실로 보내졌고 남편에게 전화하여 저의 상태에 대해 알려주었습니다.

응급조치실에 누워 눈을 감으니 매우 편안했고 안정되며 안도하였습니다. 몇 년 동안 부족한 잠과 업무로 지쳐있었습니다. 저는 기도했습니다. "단 며칠만 저에게 힘을 주세요." 약 20분 후, 남편은 저를 데려가기 위해 왔고, 저를 집에 데려다 주었습니다. 2시간여의 휴식과 잠을 취한 후, 원기가 회복되었고 저는 그날 저녁에 있던 Pontiac Division of General Motors와의 약속을 지킬 수 있었습니다. Kwang은 제가 그의 차를 가지고 다음 약속을 가는 것을 말릴 수 없었습니다.

20여 년 후에도 저는 그날 응급조치실에 있던 저의 상태에 대해 염려하고 놀랐던 남편의 얼굴을 잊을 수 없습니다.

1991년 10월, 우리의 공장이 미시건 Plymouth에 완공되었습니다. 그 건물은

Metro West Industrial Park안에 있었습니다. 우리는 자동차 기업들에게 감사의 마음도 전하고 또 고객들에게 우리의 성장 가능성과 능력을 보여주기 위해 오픈하우스를 열었습니다.

우리의 오픈하우스를 위한 최후의 노력으로, 남편과 저는 밤새 벽 위에 그림들을 그렸고, 프로그램을 정리하였습니다. 그 일을 마치고, 우리는 2시간여 소파에 누워 잠을 잤습니다. 이것을 계기로 우리가 바쁠 때면 언제든지, West Bloomfiled의 집으로 30분을 걸려 가는 대신 공장에서 밤을 보냈습니다. 처음에 우리는 단지 우리가 정말 필요로 할 때만 공장에서 밤을 지냈습니다. 시간이 흐르면서 일주일에 두 번만 집에 가게 되었고 마침내 우리는 빨래를 하고 우편을 확인하기 위해 주말에만 집에 가게 되었습니다. 우리는 보통 5시에서 5시 반 사이에 일어났는데 제조파트에서 일하는 한 직원이 6시에 출근하기 때문이었죠. 우리는 서둘러 옷을 입고 이부자리를 개고 난 후 조금 더 잠을 청할 수 있었습니다. 너무 잠이 부족해 소파에서 잠을 자거나 화장실 벽에 기대어 잠을 잔 적도 있습니다. 그렇게 우리는 공장에서 20여년 동안 살았습니다.

미국 정부의 지원

1978년부터 제너럴모터스의 John Haines와 포드사의 Gary White는 자동차 산업을 지원하는 중소업체를 적극적으로 증진시켰습니다. 포드, 제너럴모터스, 그리고 다임러크라이슬러는 각각 2001년 중소기업체로부터 30억 달러의 제품을 구입하였습니다. Chrysan은 이 세 거대 기업으로로부터 더 작은 자동차 중소업체들보다 더 많은 기회를 가질 수 있었습니다. Big3 (포드, 제너럴모터스, 다임러크라이슬러)는 Metal로 작동되는 냉각기 분야에 있어서 새롭고 진보된 기술을 찾고 있었습니다. 그것들은 특히 알류미늄 엔진 오일 팬, 알류미늄 실린더, 그리고 알류미늄 트랜스미션 부품에 적용되는데 필요하였습니다.

우리의 첫 번째 재정적 보조는 두 종류의 대출이었습니다. 미국 소기업청으로부터의 90만 달러와 GM으로부터의 20만 달러였습니다. 두개 모두 우리 공장을 세우는데 쓰여졌습니다.

1991년 10월, 우리는 Metro West Industrial Park로 이사하였습니다. 우리는 또한 미래에 공장 확장을 위해 공장 옆 비어 있는 부지를 매입하였습니다. 1996년 우리는 두번째 웨어하우스와 사무실을 세웠습니다. SBA가 빚 보증을 서주었고, GM으로부터의 빚은 기한보다 더 빨리 갚을 수 있었습니다.

Case Line-Kokomo Transmission Plant (Case Line-Kokomo 트랜스미션 공장)

1980년대 초반, Crhysler의 파워트레인 제조부 부사장은 Richard Dauch라는 사람이었습니다. Chrysler는 모든 파워트레인 기계작동에 합성냉각기를 사용하였습니다. 그 당시 합성냉각기는 새로운 것이었습니다. 1985년 12월, 코코모 트랜스미션 공장의 Chief 화학자인 John Brenan은 합성냉각기 시험 관련한 미팅에 저를 공장으로 초대하였습니다.

저는 크리스마스 휴일 직전 그의 코코모 사무실에서 John Brenan을 만났습니다. 그는 우리의 제품을 3개월 동안 시험해보는데 동의하였습니다. 만약 그게 작동을 잘한다면, 크라이슬러는 이에 사용되는 모든 소재에 대해 지불할 것이고 만약 그렇지 않다면, Chrysan은 막대한 지출을 하는 것으로 끝나야 하는 일이었습니다. 저는 이것이 공평하다고 생각하였고, 우리는 1986년 초에 그 시험을 시작하기로 동의하였습니다. 하지만, 우리는 새해 직전 그들의 강철 밸브 연삭작업에 사용되는 5,000갤런을 John으로부터 주문받았습니다. 시험이 성공했기 때문입니다. 그것은 7년여간 Chrysan을 운영하면서 처음 받은 5,000갤런 주문이였습니다. 남편은 매우 똑똑한 사람으로 실수를 거의 하지 않았습니다. 그러한 성격으로, 그는 Eastern Market Tanker truck이 그 거대한 계약을 혼자 차지하도록 두지 않았습니다.

남편은 EMT의 소유자이자 경영인인 Don Murray를 따라서 제품이 코코모까지 안전하게 배달되는지 직접 트럭에서 함께 이동하였습니다. 첫 번째 시험에서 우리 제품은 성공적이었고, 이 결과는 다른 시험들에서도 마찬가지였습니다. 마지막 시험은 Transmission Case Line시험이였습니다. 이 시험에는 한 파트에서 다른 파트로 움직이는 40파운드 알루미늄 케이스를 장착한 거대한 화물 운반대가 포함되어 있었습니다.

저의 첫 번째 걱정은 그 운반대에서 윤활유가 씻겨져 내려가는 것이였습니다. 다음 걱정은 알루미늄파트의 정확한 기계작동이였습니다. 저는 모든 시험이 제대로 이루어졌다고 들을 때까지 공장을 떠날 수가 없었습니다. 그날 밤 아무 문제도 일어나지 않았고, 기계들과 깨끗한 냉각기 위로 태양이 떠올랐습니다. 정말 크게 안심이 되었고 환상적인 성공이였습니다! 이것이 운반대와 함께 알루미늄 Transmission Case Line에 사용되는 첫번째 합성냉각기였습니다. 거의 일 년 동안 저는 기술적 서비스와 우리의 원활한 관계를 유지하기 위해서 일주일에 3번은 코코모 트랜스미션 공장에 찾아갔습니다. 디트로이트부터 코코모까지 무려 250마일이나 되는 거리를 힘든 줄 모르고 다녔던 겁니다.

수상과 봉사활동

1985년, Jim McDornald는 GM의 사장이었고, John Haines는 Minority Development Program의 매니저였습니다. Haines는 키가 작았지만 그의 프로그램에 대한 넘치는 에너지와 열정은 우리 모두 그가 키가 큰 사람처럼 여겨지게 하였습니다. 그는 그의 생각들을 우리의 마음에 꽂아 넣었습니다.

Haines는 Minority Development Program를 위해 GM의 Line Card를 만들었습니다. 그는 이 프로그램의 진행상황을 보고하기 위해 상급자들과 정기적인 회의를 가졌습니다. 그는 그가 지원하기에 가장 적합한 곳을 찾기 위해 이곳 저곳을 방문하였습니다. 그리고 Chrysan은 1985년 GM의 Minority Supplier of The Year로 선정되었습니다. Jim McDornald는 캘리포니아 애너하임에의 National Minority Supplier Development Council에서 우리에게 상을 수여했습니다. 이것은 저의 회사가 수여한 가장 의미있는 상이었고 세계에서 가장 큰 자동차 회사의 대표로부터 직접 수여받았던 일은 이를 더 가치있게 해주었습니다. 저는 수상 후 뒷풀이에서 대표의 부인인 Betty에게 소개되는 영광도 누렸죠.

그리고 저는 1992년 미시간 Bi-Lateral Trade Team에서 한국을 대표하는 역할을 하게 되었습니다. 대학동기인 문 박사와의 인연 덕분입니다. 문 박사는 1957년과 58년 서울대학교 화학공학부에서 같이 공부를 했습니다. 그는 정말 모든 것을 가진 행운아였습니다. 지적능력, 재력과 권력을 가진 가정... 서울대학교에서 졸업하기 전, 그는 미국으로와서 학위를 마쳤습니다. 그리고 나서, Chemical Distribution (화학적 분포)와 물을 기본으로한 윤활류 제조를 하는 사업을 시작하였습니다. 그의 회사는 미시간뿐만 아니라 다른 여러 주에도 사무실이 있었습니다. 대부분의 한국인 이민자들은 대학교와 회사에서 그들의 기술적 지위를 지키기 위하여 열심히 노력해야 했습니다. 우리 대부분이 언어적 장벽을 가지고 있고, 문화적 차이 또한 있었기 때문에, 우리는 더 열심히 일해야 했고, 우리를 상대(외국인들)에게 맞추기 위해 수 시간을 투자하여야 했습니다.

문 박사는 우리보다 한 발짝 앞서 있었습니다. 사업성공 이래로, 그는 정치에도 관여하기로 결정하였습니다. 미시간 주지사인 John Engler와 문 박사는 친한 친구가 되었습니다. 사업 관계를 더 증진시키기 위해서 Engler 주지사는 캐나다, 멕시코, 독일, 인도, 중국, 일본, 한국, 그리고 다른 많은 나라들을 위해 Bi-Lateral Trade Team을 창설하였습니다.

문 박사가 주지사에게 건의를 하여 2년여 동안, 우리의 Trade Team은 매우 활발한 활동을 펼쳤습니다. 우리는 한국과 미시건에 두드러지는 공헌을 하였습니다. 1994년, Korean Bi-Lateral Team은 암웨이 그룹의 재정적 보조와 함께 한국에서 미시간 사업 전시회를 개최하였습니다. 그 전시회에서 한국의 비슷한 이념을 가진 회사들에게 미시간 회사들을 소개해주었습니다. 미시간주립대학교의 Asian Studies의 학장인 Lim 박사가 Korean Bi-Lateral Trade Team Program을 이끌었습니다.

저는 개인적으로 사업에서 이룬 성과들로 몇 개의 상을 받았습니다. 숙명여자고등학교와 서울대학교 공과대학교에서 Distinguished Alumni (졸업생 중 훌륭한 사람에게 수여하는 상)을 받은 것은 영광이었습니다. 저는 빠르게 발전되는 기술에 뒤쳐지지 않기 위해 윤활유 산업에 관련된 일곱개의 업계지 (trade journal)에 글을 실었습니다. 2015년과 2016년 윤활류 잡지인 TLT, Tribology Lubrication Technology에 기술 에디터로서 선택받은 것도 매우 영광이었습니다.

중국과의 합작투자

1992년, 저는 Esslingen에서 열린 Tribology에 참석하기 위해 독일로 처음 여행을 떠났습니다. 대부분의 참가자들은 동유럽과 구소련을 포함한 유럽에서 온 사람들이었습니다. 저는 혼자였기 때문에 다른 참가자들과 새로운 만남을 했는데 커피타임 시간에 Jia Chunde 교수님에게 저를 소개할 기회가 주어졌습니다. 그는 중국 선양공과대학교의 기계공학부 교수였습니다. 그는 그가 독일에 있는 메르세데스 벤츠에서 일을 하고 있으며, 그 회의에서 프리젠테이션을 할 것임을 말해주었습니다. 다시 한 번 저는, 그의 영어 구사력에 놀랐습니다. 당연히 그의 독일어도 훌륭하였습니다. 그는 중국에서의 그의 연구분야를 저에게 설명해주었습니다. 저의 소개를 마친 후에, 우리는 Chrysan과 미국 윤활유 시장의 트렌드에 관하여 이야기를 하였습니다. 이 컨퍼런스 이후로, 우리는 크리스마스 안부와, 기술 관련 뉴스를 자주 주고받았습니다.

1992년, Jia는 중국 선양으로 돌아왔고, 대학교의 부총장이 되었습니다. 1994년, Jia의 주선으로 우리는 중국어로 쓰여진 합작투자동의서에 서명을 하였습니다. 남편과 저 모두 중국어를 몰랐기 때문에, 우리는 단지 선양공과대학과 Chrysan사이의 신뢰만을 믿고 서명을 한 것이죠. 우리는 형식적인 법적 검토를 거치지도 않고 일을 진행하였습니다. 후에, 공항에 도착해서야 우리는 영어로 번역된 합작투자 동의서를 확인할 수 있었습니다. Lusan과의 합작투자사업 관계는 20여 년 동안 성공적으로 운영되었습니다.

2015년 1월, 남편과 저는 대표로부터 중국에 사업장을 찾으라는 숙제를 부여받았습니다. Chrysan은 중국의 자동차 시장에 윤활유를 공급 중이었습니다. Chrysan은 중국에 제품들을 정착시키라는 고객들의 요구 압박을 받아오고 있었습니다. 이것은 우리가 로컬 시설을 설립해야 함을 의미했습니다. 그 당시 우리는 중국 고객들에게 제품 배달을 완성시키기 위하여 공장시설을 찾는 중이었습니다. 6개월 간 상하이에 머무는 동안, 저는 American Chamber of Commerce의 스폰서십 아래에 몇몇 세미나와 회의에 참석하였습니다.

중국에서, 그들의 적극적이고 빠른 기술발달과 함께, 중국인들이 세계 시장의 큰 지분을 가지기 위해 노력하고 있음을 알 수 있었고 세계시장에서 앞서나가기 위한 개혁의 의지를 읽을 수 있었습니다. 또한, 상하이에서 중국인들은 충분한 자금을 가지고 있고, 안락한 삶을 누리고 있음을 보았습니다. E-무역(인터넷무역)에 있어서 중국의 기술은 우리를 앞서나가고 있습니다. 인터넷을 통한 무역활동이 60%인 반면 미국은 30%에 그칩니다. 나는 중국의 성장에 놀라며 그후부터 중국에 관심을 갖게 되었고 책을 통해 그 나라에 대해 배우려고 노력하고 있는 중입니다. 그동안 내가 사업을 해오면서 느끼고 깨달은 점에 대해 말하려고 합니다.

사업을 지속 발전시키는 비결

사업을 지속하기 위하여 제가 강조하고 싶은 것은 3가지입니다. 훌륭한 관계를 유지하고 지속시키며, 매일매일의 계획에 항상 집중하며, 사용가능한 모든 자원들을 최대한 사용하는 것입니다. 이것들은 사업을 성공시키는데 가장 중추가 되는 것들이라고 생각하시면 됩니다. 삼다리를 상상하시면 됩니다. 세개의 다리가 고정되고, 강해야하며, 서로를 지지해주어야 합니다. 또 다른 중요 요소는 일을 향한 열정입니다. 당신은 당신이 마주하는 방해물이 있을지라도 최선을 다하겠다는 열정이 있어야만 합니다. 당신은 당신의 고객들에게 최고의 제품과 서비스를 제공하겠다는 당신의 목표에 만족스럽게 도달할 때까지 포기하면 안됩니다.

윤리적으로 일하고 열심히 일하는 것또한 중요합니다. 과감한 결정을 내리고, 옳다고 생각하는 일에 끝까지 고수하세요. 이것은 많은 용기와 배짱을 필요로 합니다. 우리는 위험을 감수하지 않는다면 그 너머에 무엇이 있는지 알 수 없습니다. 놀랍게도, 계산된 위험은 당신의 사업에 새로운 세계를 열어줄 수도 있습니다.

관계에 대해서 이야기를 하자면, 저는 고객들과의 관계뿐만이 아니라 협력자, 임직원, 그리고 경쟁자들과의 관계 또한 포함합니다. 직원들과 좋은 관계를 유지하는 것은 중요합니다. 직원들은 회사를 이끌어가는 사람들입니다. 그들은 업체사람들과 고객들과 매일 소통합니다. 그들을 행복하고 생산적으로 유지시켜 주는 것은 매우 중요합니다. 그들에게 그들이 생산적이고, 대화의 창을 열어 그들로부터 아이디어를 제공받는 수단을 주는 것은 회사 임원이 해야 할 중요한 임무입니다.

그들의 요구, 갈망, 목표, 그리고 염려들을 이해하고자, 저는 사무실보다 더 안락한 환경에서 1:1로 점심을 함께 합니다. 가족 피크닉과 야구경기 관람 여행은 Chrysan에서 항상 흥미있는 활동입니다. 또한 고객들과의 좋은 관계를 계속하여 지속하는 것도 중요합니다. 고객들이 저의 제품과 서비스와 사랑에 빠지는 것은 저에게 커다란 기쁨과 자신감을 줍니다. 그 답례로, 저는 고객들에게 그들의 이슈와 염려점을 생각하며 저의 모든 관심과 지원을 제공합니다. 이슈와 논쟁들을 해결하기 위해 노력합니다. 저는 엔지니어들, 기계 오퍼레이터들, 그리고 다른 공장에서 일하는 분들과의 이러한 경험들로부터 많은 것을 배웁니다.

저는 공장 로비에서 경쟁사들을 마주합니다. 저와 같이 그들도 사업차 그곳에 와있었습니다. 저는 어색함을 깨기 위해 짧은 안부를 주고받고, 대화를 이어나갑니다. 협력업체와 관계는 다른 사업의 관계 만큼이나 중요합니다. 그들은 우리에게 원재료와 사업을 위한 다른 제품들을 제공해주기 때문에, 그들을 사업 동료로 생각합니다. 우리는 그들의 서비스, 특히 긴급한 제품 배달상황에 있어서 그들의 서비스를 높게 평가합니다. 은행원, 회계사, 변호사, 보험사들 또한 저의 사업에서 중요한 멤버입니다. 우리는 그들의 충고, 아이디어, 사업계획을 중요하게 받아들입니다.

관계 다음으로, 두 번째로 중요한 요소는 매일매일의 작업입니다. 저는 매일있는 활동들과 작업들을 세 곳에서 집중합니다. 그건 바로 사업 계획, 자산관리, 자원. 우리는 이듬해의 순조로운 계획을 위해 각 부서별 사업계획을 요구합니다. 그 결과, 관리팀은 그것들을 검토하고 어떤 것이 단기 계획인지, 장기계획인지 결정을 내립니다. 저는 합당성과 일정 등에 관하여 각 부서들과 사업계획을 검토합니다. 인력과 재정적 자원을 검토합니다. 사업계획은 또한 새로이 개발된 제품이 환경에 미치는 영향 또한 고려해야합니다. 2008년과 2009년, 우리는 살아남기 위해 여러 번 사업계획을 바꾸었습니다.

다음으로 고려해야 할 사항은 현금 유동성입니다. 현금은 사업의 생명줄입니다. 우리는 신중한 방법으로 현금을 보존하기 위해 추가적인 노력을 기울입니다. 우리는 계산서를 일정에 맞추어 지불하고, 언제나 돈을 받을 수 있도록 계좌를 관리합니다. 우리는 현금 유동이 지속적이지만 너무 타이트하지 않도록 유지시키도록 관리합니다.

마지막으로, 하지만 최소한이 아닌, 자원을 사용하는 것입니다. 인력자원은 도전적이지만, 그 직무에 맞는 사람을 선택하는 것은 중요합니다. 회사 전체에 녹아들 수 있는 사람, 리더로서의 자질이 있고 비전이 훌륭한 사람, 그리고 다음 세대까지 우리의 회사를 이끌어 줄수 있는 사람을 필요로 합니다. 과거에, 우리는 알맞고 재능 있는 자를 찾고, 그 전문성이 우리가 찾고 있는 것이 맞는지 평가하는데 많은 시간을 소비했습니다. 그들이 우리 회사를 위해 무엇을 할 수 있을까? 그들이 얼마나 오래 우리와 머물지 상관없이, 직원들은 우리를 떠나 우리의 경쟁사나 더 큰 회사로 옮겨갈 때도 있습니다.

저는 1977년 Chrysan이 설립된 이후로, 저에게 아낌없는 지원을 해준 사람들, 협력업체들과 다른 조직들, 경쟁사들, 친구들, 고객들, 그리고 직원들로부터 받은 자원들을 효과적으로, 그리고 최대한으로 사용하기 위해 노력합니다. 그들은 저의 멘토가 되었고, 사업 기회, 마케팅, 자금 정보, 네트워킹에 관해 저에게 막대하고 가치있는 지원을 해주었습니다. 사업세계와의 연결을 계속해 유지한 것은 큰 변화를 만들어 냈습니다. 중소기업들은 많이 생성되고 많이 사라집니다. 하지만 Chrysan은 자동차 산업의 위기에도 불구하고 살아남아 우리의 사업을 유지시켰습니다. 2015년 11월, 저는 Chrysan의 설립 38주년을 축하할수 있다는 것이 자랑스럽습니다.

남편과 저는 2006년 공식 은퇴 이후로 우리의 성공 계획을 천천히 마무리하였습니다. 현재, 석규가 Chrysan산업의 CEO이자 대표입니다. 그는 일을 훌륭하게 해내고 있고, 젊고 재능있는 팀으로부터 지원까지 받고 있습니다.

열정

이러한 문장을 읽은 적이 있습니다. "열정은 돌을 뚫을 수 있고, 열정은 나이를 먹지 않는다" 열정은 생각과 마음에 있는 순수한 사랑일 수도 있습니다. 저는 일주일에 80~100시간을 일하며 몇시간 잠도 못잤습니다. 그리고 저는 몇 년 동안 앓았습니다. 10~20여 분의 고양이잠은 저에게 에너지를 주었고, 계속하여 일을 할 수 있도록 해주었습니다. 이것 때문에 저는 "강철의 여인"이라는 별명을 얻었습니다. 이 모든 것이 열정이 있기에 가능했습니다.

꿈과 비전

마틴 루터 킹의 “I have a dream”이라는 연설에서 그의 꿈은 다른 인종들과의 화합과 함께 평화로이 살아가는 것임을 알 수 있습니다. Elon Musk는 운전자 없는 자동차와 화성으로 사람을 보내는 꿈을 가지고 있습니다. 존 에프 케네디 전 대통령도 꿈과 비전이 있었습니다. 그는 60년대 말이 오기전에 사람을 달로 보내고 싶어했습니다. 아폴로 11,13,16호 모두 달에 정착하여 흙과 돌을 수집하였고, 중력이 거의 존재하지 않는 달에서의 과학적 실험도 할 수 있었습니다. 아폴로에서 얻은 지식은 화성에 우주선을 보내는 데까지 발전되었습니다.

2015년 7월, 우리는 우리가 방문한 태양계의 가장 마지막에 있는 명왕성의 자세한 사진까지 얻을 수 있었습니다. 아폴로 16호의 일원인 Chalres Duke는 달에 가족사진을 남겨두고 왔습니다. 스티브 잡스는 기술은 충분하지 않으며, 150여 년 전 Ada Lovelace가 그랬듯이 기술은 자연과학과 함께 해야 함을 강조하였습니다.

“기술만으로는 충분하지 않음은 애플의 DNA가 알려줍니다. 자연과학, 그리고 인류와 함께하는 기술이 우리의 심장이 노래하도록 만드는 결과를 만들어낸 것입니다.” 이것이 그를 가장 창조적인 기술 혁신가로 만들어 주었습니다. 알리바바의 대표인 마윈의 꿈과 비전은 미국과 유럽의 소기업들이 그들의 제품을 중국으로 들여오는 것이었습니다.

저의 꿈은 크고 비전은 멀리 내다봅니다. 사업을 유지시키기 위해서, Chrysan은 세대를 거듭할 것이고, 혁신적인 제품을 개발하며, 새로운 시장분야를 개척할 것입니다. 저의 꿈은 무한합니다.

집중

몇몇 사람들은 동시에 여러 개의 일을 할 수 있습니다. 하지만 우리 대부분은 우리의 목표를 성취하기 위해 한 번에 한 가지 일에 집중을 합니다. 퀴리부인은 그녀가 장님이 되면서까지도 그녀의 일에 집중하였습니다. 알베르트 아인슈타인도 오직 연구에만 집중하였습니다. 그는 신고 있는 양말이 다른 색인지도 몰랐습니다. 빌 게이츠와 폴 알렌은 그들이 끼니를 거르는지도 모르고, 일에 심취하여 해결점을 찾을 때까지 자리를 떠나지 않았습니다. 사람 심장을 최초로 이식한 남아프리카의 Christian Barnard 박사는 일에 너무 빠져 그의 가족들과 함께 할수 없어 결국 이혼까지 하게 되었습니다.

최근에 우리 사회는 조화와 호의를 만들어내기 위하여 일과 삶의 균형을 중요하게 생각합니다. 저의 개인적인 생각은, 제가 만약 어느 것에도 우선순위를 두지않았다면 성공하지 못했을것입니다. 더 중요하다고 생각하는 것에 우선순위를 두어야 합니다. 그리고 그 선택에 집중해야 합니다. 저의 우선순위는 저의 아이들, 두 번째는 사업, 그리고 세 번째는 남편이었습니다. 아이들이 집을 떠난 이후로, 사업이 가장 중요하였습니다. 사업에 집중하였기 때문에, 저는 자는 동안에도 그와 관련된 꿈을 꾸었습니다. 제가 잠에서 깼을 때는, 제가 꿈을 까먹기 전에 글로 남겨두었습니다.

당당한 여성

유리천장(Glass Ceiling)은 여성이나 다른 집단이 높은 자리에 올라가지 못하게 막는, 눈에 보이지 않는 장벽을 의미합니다. 여성 대표 커뮤니티는 사업세계에 있어서의 아이디어와 경험들을 공유하였습니다. 주로 남자들이 지배하고 있는 사회에서 말입니다. Sheryl Sandberg는 페이스북과 그녀의 책, "Lean In"에 그녀가 어떻게 남자들이 지배하는 세계를 극복해냈는지 과정들을 상세하게 묘사하였습니다. 그녀는 페이스북의 굳건한 COO 직위를 가지고 있고, 마크 주커버그의 오른팔입니다. 그녀는 열정과 비전과 함께 사업세계에 있어서 그 누구보다도 많이 알고 있었습니다.

그녀에게 유리 천장은 없었습니다. 그녀를 위해 문이 열렸고, 그녀에게 다른 사람들처럼 보상이 주어졌습니다. 최근의 역사에서 가장 유명한 여성인 오프라 윈프리는 그녀의 열심함과 열정때문에 세계에서 가장 부유한 사람 중 한 명이 될 수 있었습니다.

1977년 저의 경우, 사업하는 여자, 특히 아시아인으로써 화학과 윤활유사업, 제조 사업부서에서 일하는 여자는 없었습니다. 저는 그때도 유리천장이 있다고 생각하지 않습니다. 그리고 저는 남자들이 주도하는 환경에서 겁먹지 않았고, 오로지 열심히 일할 뿐이였습니다.

여자라서 안돼라는 말은 지금 세상에 더더욱 해당되지 않는 얘기입니다.

멘토

멘토와의 관계는 중요하고, 이는 남편과 부인관계에서도 마찬가지입니다. 저는 수십 년 동안 여러명의 멘토가 있었습니다. 저는 그들의 지식과 경험을 흡수하였습니다. 예를 들어, 제가 처음 사업을 시작하였을때, 자동차회사에 윤활유 샘플을 제출하였습니다. 처음에는 통과되지 않았습니다. 저는 실망감을 표현하였고, 그 테스트에 실패한 것을 수치스럽게 생각하였습니다.

저는 자신감을 잃었고, 그 다음 무엇을 해야할지 몰랐습니다. 저의 멘토가 말했습니다. "다른 샘플을 그리고 또 다른 샘플을 들고 가라. 너의 고객이 더 이상 됐다는 소리가 나올 때까지..." 정말 좋은 생각이었습니다! 그의 이러한 생각과 긍정적인 자세는 제가 허들을 뛰어넘을 수 있게 해주었습니다. 두어 차례의 시도 끝에 샘플은 통과되었습니다. 그 이후로, 저는 위험을 감수하여 모든 기회를 잡으려 하였습니다. 단순히 포기하지 않음으로써, 우리는 방해물을 혜택으로 바꿀 수 있습니다.

사회 환원

저는 살아오며 다양한 분야의 사람들로부터 많은 지원을 받았습니다. 그것들을 돌려주기 위해, 남편과 저는 서울대학교 공대와 아이오와대학교에 장학금 프로그램을 설립하였습니다. 우리가 학교에 있던 시절, 두 학교 모두 우리가 졸업을 할수 있도록 많은 지원을 해주었습니다. 서울대학교와 아이오와대학교를 향한 우리의 감사한 마음은 저희 핏속에 박혀 있습니다.

바쁜 스케줄에도, 저는 몇몇 조직에 자원해 참여했습니다. 저는 Michigan Chapter of Korean Scientists and Engineers Association (KSEA)에서 대표를 역임하였고, KSEA에서 국가 레벨로 편집자로서 봉사하였습니다.

저는 젊은 기업가들에게 어려운 시간들을 극복해내는 법을 배우면서 성공적인 사업가가 되라고 용기를 줍니다. 저는 그들, 특히 한국인 커뮤니티들과 함께 저의 개인적, 그리고 사업 경험을 공유했습니다. 우리가 미국에 살기 시작하면서, 영어로 의사소통을 하는 것을 발전시키는 것은 중요하듯이 아름다운 한국인의 정서를 잃지 않으면서 미국 문화에 적응하고 섞여야 했으니까요.

은퇴 후의 삶

30년이 넘는 세월 동안, 저는 윤활유시장 조사에 거의 시간을 쏟지 못하며 매일 매일의 사업에만 열중하였습니다. 오랜 시간, 저는 금속에 작용하는 윤활유를 조사하고자 하는 갈망이 있었습니다. 2006년, 공식적으로 은퇴하였고, 저는 마침내 실험실에서 실험을 하는데 시간을 쏟을 수 있게 되었습니다. 남편이 분석한 자료를 가지고, 저는 그 결과를 STLE, TAE, 그리고 KSTLE에 발표하였습니다.

2014년, 저는 Korean Society of Tribology and Lubricant Engineers에서 Chrysan산업의 대표로 연설을 하였습니다. 업계와 기술분야에서 초청 연사로 포함된 것이 자랑스러웠습니다. 저는 Korean Professional Automotive Industry에서도 같은 주제로 발표를 하였습니다:

저의 취미가 곧 일이었기 때문에 저는 꽉찬 삶을 살았습니다. 일을 하지 않으면 죄를 짓는 것 같았습니다. 저는 남편이 가진 것처럼 특별한 재능이 있는 것도 아닙니다. 그는 사진에 재능이 있고 아름다운 순간을 잡아내는 능력이 있습니다. 그의 유화와 수채화는 거의 프로 수준입니다. 더불어, 그는 훌륭한 엔지니어이며 이일 저일을 모두 잘하는 사람입니다.

시도와 실패를 거쳐, 글쓰기는 특별한 장비를 필요로 하지 않기 때문에 저는 글쓰기를 취미로 삼았습니다. 펜과 종이가 있다면 언제 어디서든지 글을 쓸 수 있습니다. 2007년 저는 미시간 Northville의 Deadwood Writer's Club(글쓰기 클럽)에 소속된 이후 지금까지 그 조직의 일원으로서 즐기고 있습니다. 멤버들로부터 큰 도움을 받을 뿐만 아니라 저의 여행기에 대한 비평 또한 받을 수 있었습니다.

글을 마치며

수 십 년 동안 저는 남자들이 지배하는 환경에 있었습니다. 하지만 여자라는 이유로 겁내지 않았습니다. 제가 겁내 하던 것은 대부분이 남자인 환경에 있는 제 현실이 아니라 회의에 대한 부족한 준비였습니다.

저는 여자들에게 유리천장이 존재한다고 믿지 않습니다. 여자들도 그들 자체로 가치있음을 증명해냈기 때문에 사다리 위 성공의 자리까지 올라갈 수 있었던 겁니다. 그들은 단지 열심히 일하고, 그들의 마음이 가는 대로, 남자들이 그래야했던 것처럼 열정을 다하면 됩니다. 장벽도, 장애물도 없고, 당신이 당신의 길 위에 허락한 것들만이 존재할 뿐입니다.

저는 저의 목표에 대해 확고하고 열정이 있었기 때문에 그리고 한국인, 여성이란 장애물을 극복하기 위해 80~100시간을 일했습니다. 저는 제 일에 집중하고 어떻게든 일을 마무리하였습니다.

불가능은 없다는 것을 명심하세요. "NO!"라고 말하지 마세요. 저에게 "NO!"라는 단어는 존재하지 않습니다. 저는 다른 사람이 "NO!"라고 말할지라도 항상 시도할 것입니다. 시도가 성공할지도, 못할지도 모릅니다. 가장 중요한 것은 노력했다는 사실입니다.

지속가능한 사회를 향한 도전

전미현

Christy Mihyeon Jeon

연세대학교 도시공학과를 졸업하고 서울대학교 환경대학원에서 도시계획 석사를 마친 후 미국으로 건너가 Georgia Institute of Technology에서 토목 공학 석사, 박사 학위를 받았다. 2008년부터 현재까지 Parsons Corporation에서 교통 엔지니어 (traffic engineer)및 교통계획가 (transportation planner)로 근무하고 있다. 지속가능한 교통 시스템 분야의 연구자로 잘 알려져 있으며, 2015년 Engineering News-Record (ENR) Southeast에서 뽑은 젊은 엔지니어 (Top 20 Under 40)중의 한 명으로 선정되기도 했다. 현재 재미여성과학자협회 본부 Public Relations Director와 동남부지부 부회장으로 활동하고 있다.

엊그제 내린 폭우로 인해 도로에서 차들이 미끄러져 안타깝게도 사람들이 다치는 사고가 일어났다. 혹시 도로변의 배수로가 제 기능을 다하지 못한 건 아닌지 아니면 도로가 차량 통행자들이 안전하다고 느끼는 수준보다 심한 커브길로 설계되어 그런 건 아닌지 가슴이 쿵 하고 내려앉는다. 왜냐하면 이런 일은 나의 일과도 연관되어 있기 때문이다. 나는 교통공학을 전공하며 도로를 설계하고 교통 혼잡을 개선하기 위해 일하는 엔지니어다. 남편은 집에 버젓이 걸려 있는 안전모를 볼 때마다 막노동판 노동자라며 짓궂게 놀린다.

어려서부터 나는 실생활에 직접 관련이 있는 것들에 관심이 많았다. 우리가 살고 있는 마을, 도시, 환경, 사람, 그리고 교통시스템... 그러던 내가 고등학교 때 자연계열을 선택하게 되고 또 도시공학과에 지원하게 된 것은 결코 우연이 아니었다. 저마다의 인생이 수많은 선택의 갈림길에서 내리는 결정에 따라 정해진다면, 자연계열을 선택한 그 순간이 아마도 내 인생에서 스스로 선택을 한 중요한 첫 순간이 아닐까 싶다. 아직도 기억이 생생한데, 선택을 내려야할 마지막 순간까지 고민을 정말 많이 했다. 적성검사 결과로는 인문계열과 자연계열에 대한 적합성이 거의 정확히 반반 정도로 갈렸었기 때문에, 순전히 내가 진정 하고 싶은 것이 무엇인가에 따라 결정을 내려야했다.

그 때 내린 결정이 잘한 일이었다는 것은 대학에 들어간 지 얼마 지나지 않아 알 수 있었다. 도시공학은 도시와 관련된 여러 가지 문제점들을 해결하고 더 나은 도시 기반체계를 구축하기 위해 공학과 사회과학이 접목된 학문이다. 나는 인문 사회과학에 가까운 과목들의 전공 논술시험에서 답을 짧게 쓰기로 유명한 학생이었다. 이에 반해 숫자로 떨어지거나 논리에 맞는 정답이 있는 시험을 훨씬 더 편하게 느끼는 편이었다.

97년 여름 2학년 1학기를 마치고, 아직 전공 공부를 깊게 계속해야 할지에 대한 확신이 없었던 시점에서 나는 영어 공부를 하러 미국으로 어학연수를 떠났다. 여러 도시를 돌아다니며 공부하고 여행 다니며 많은 것을 배웠던 1년여의 시간 동안, 도시와 환경, 그리고 교통 시스템에 대해 전공 공부 이상의 관심과 열정이 생기기 시작했다.

나는 한 도시, 한 학교에 머물러 있는 것보다 동부의 보스턴과 남부 플로리다의 마이애미, 그리고 서부 샌프란시스코로 지역을 옮겨 다니며 생활하는 것을 택했으며, 한 도시에 머무는 동안에는, 최대한 많은 주변 지역을 다니며 현지인들을 접하고 다양한 도시 환경과 지역 문화를 배우고자 했다.

보스턴에 있을 때는 흔히 T라고 불리는 MBTA(Massachusetts Bay Transportation Authority) 대중교통시스템을 많이 이용했고, 마이애미에서는 대중교통시스템 중의 하나로 시에서 무료로 운영 중인 모노레일 형태의 Metromover를 이용하며 우리나라 관광지에서의 적용 가능성을 생각해보았다. 샌프란시스코에서는 BART(Bay Area Rapid Transit) 지하철을 타고 Bay 동쪽과 서쪽을 건너 다녔더랬다. 그 당시 여행했던 수많은 도시들 중 애틀랜타도 그중 한 곳이었다. 당시에는 몇 년 후 다시 이곳으로 건너와 오랜 시간 동안 공부하게 되리라는 걸, 그리고 배우자를 만나 결혼도 하고 또 배운 것을 토대로 이를 실제로 적용하며 Civil Engineering Industry에서 일하게 되리라는 것은 상상도 못한 채.

다시 학교로 복학해서는 세부 전공을 교통시스템으로 결정하고, 여름방학 동안에는 교통 용역회사에서 인턴으로 일하며 경력을 쌓고, 대중교통 환승시스템에 대한 학사 논문을 쓰며 학부 과정을 마무리했다. 교통 분야 학문을 계속해서 심도 있게 공부하고 싶다는 결정으로 서울대학교 환경대학원에 교통관리 전공으로 진학하게 되었고, 혼잡통행료와 유료도로 구간 지정에 따른 효율성과 형평성을 분석하는 주제로 우수논문상을 받으며 졸업할 수 있었다.

2년 동안의 석사과정 기간 동안 학과 이외의 시간에는 "걷고 싶은 도시 만들기 시민연대" (당시 영어 이름이 Citizens' Solidarity for a Sustainable City, 이하 도시연대)라는 Non-Government Organization (NGO)과 인연을 맺게 되어 대중교통과 보행자 환경을 향상시키기 위한 연구모임에서 활동했다. 도시연대에서 일하게 되면서, 나는 비로소 나와 함께 세상을 같이 살아가는 이웃과 지역 사회를 위해 나란 사람이 무엇을 할 수 있을지, 또 어떻게 하면 특정의 일부가 아닌 모든 사람이 다 같이 좀 더 살기 좋은 사회를 만들 수 있을지 고민하기 시작했다.

이제와 생각하면, 이때쯤부터 나는 어렴풋이 지속가능성(sustainability)과 삶의 질(quality of life)에 대한 개념을 머릿속에 가지고 있었던 것 같다. 여기서 잠시 "지속가능성"이라는 용어를 정의하자면, 1987년에 발표된 UN의 한 보고서에서 처음 등장한 단어로서, "미래 세대의 필요를 충족시킬 능력을 저해하지 않으면서 현재 세대의 필요를 충족시키는 것"이라 소개되었다. 이후 이에 대한 끊임없는 연구를 계속해오면서 내가 얻은 진리는, 사회가 지속가능하다라고 할 수 있으려면 최소한 환경적, 경제적, 사회적 3가지 측면이 고려되어야 하며, 단순히 환경 보호에만 관련된 것이 아니라 경제 발전, 그리고 사회적인 형평성, 안전, 삶의 질에 관한 것들까지 포괄적으로 포함해야 한다는 것이다.

나의 삶과 이제까지의 진로가 계속해서 사회의 지속가능성을 추구해왔다는 맥락에서 볼 때, 이때 도시연대에서 시작했던 이런 활동들은 내게 남다른 의미가 있었다. 우리는 청소년교통학교를 열어 면허증을 취득하기 이전에 안전 운전의 중요성에 대한 인식을 높이는 한편, 대중교통이나 보행을 이용한 서울 한강시민공원에의 접근성 향상에 관한 연구를 수행했다. 서울 인사동이 우리나라 고유의 건축 시설과 전통 문화를 계승하기 위해 어떠한 규제를 가해야 하는지에 대한 연구에도 참여했다. 당시 인사동 한복판에 미국 문화의 전형인 스타벅스가 들어오게 되었는데, 이에 반대하는 움직임이 있었고 그 중심에 도시연대도 있었다. 결국 스타벅스는 이들의 브랜드 네임을 포기하고 한글을 이용한 스타벅스 커피 간판을 내건 세계 최초의 매장을 인사동에 열게 되었다. 건축 외관과 인테리어 또한 우리나라 전통 양식을 이용해 독특하게 꾸밈으로써 비로소 지역사회에 호응을 받을 수 있었다. 도시연대와의 인연은 작은 금액이지만 매달 후원금을 통해 지금까지도 이어오고 있다.

석사 과정을 마치며 미국의 몇몇 대학원 박사과정에 지원을 해놓은 상태로, LG CNS 컨설팅 부문(Entrue Consulting)에 입사해 IT 컨설턴트에 도전하기로 했다. 지금까지의 내 인생에서 처음이자 마지막으로 엔지니어링이 아닌 분야에의 외도랄까. 이제까지 배워오던 것과 전혀 다른 일에의 도전은 새롭고 어려워서 나의 지적 호기심을 자극하기에 충분했지만, 매번 다른 Industry 고객들을 대상으로 내가 깊이 알지 못하는 분야에 대해 컨설팅을 해야 한다는 것에 적지 않은 부담을 느꼈다.

1년 반의 시간이 지난 후에는, 내가 있던 자리에서 원래 관심 있어 해오던 것을 더 깊게 탐구해보자 하는 뚜렷한 결심이 생겼다. 근무 첫 해에 Texas A&M에서 재정지원을 해주는 조건으로 입학을 허락했으나 회사에서 1년 정도 더 있을 욕심으로 입학을 미뤘었는데, 그 다음 해에 다시 조지아텍으로부터 재정지원을 포함한 박사과정 입학 허가를 받았다. 그리하여 2003년 8월 미국 애틀랜타 땅을 유학생 신분으로 밟게 되었다.

나의 지도교수님은 Adjo Amekudzi라는 가나에서 오신 젊은 여자 교수님이었는데, 내 인생을 통틀어 멘토라고 부르고 싶은 몇 안되는 분이다. 학문적인 열정도 대단하시지만 무엇보다 인격적으로도 너무 훌륭하시고 동시에 자기 관리에도 철저한 분이라 박사과정을 지내오면서 정말 많은 것을 배울 수 있었다. 나는 이 분이 조교수로 조지아텍에 부임하여 뽑은 첫 학생이 되었다. 이분과 내가 관심을 가지고 연구한 주제는 "지속가능한 교통(sustainable transportation systems)"에 관한 것이었다.

지금에 와서야 지속가능성 (sustainability)이라는 개념이 보편화되고 여기 저기 인용되지 않는 분야가 없지만, 2003년 당시만 해도 연구가 별로 진행되지 않은 꽤 낯선 분야였다. 우리는 이 연구가 초기단계임을 인식하고 포괄적이고 종합적인 문헌 조사 및 Case study를 통해 관련 논문을 준비했고, 이 연구논문-"Addressing Sustainability in Transportation Systems: Definitions, Indicators, and Metrics"-은 이후 2005년에 발표되었는데 2009년에 미국 토목학회(ASCE: American Society of Civil Engineers) 해당 저널(Journal of Infrastructure Systems)중에서 가장 많이 다운로드된 논문 3편 중에 하나로 선정될 수 있었다. 10년이 지난 지금까지도 이 논문은 지속가능성에 관련된 연구를 하는 교통 분야 사람들에게 널리 읽히는 논문 중 하나로 꼽히고 있다. 이 연구를 시작으로 나의 "지속가능한 교통과 도시계획"의 긴 여정이 본격적으로 시작되었다.

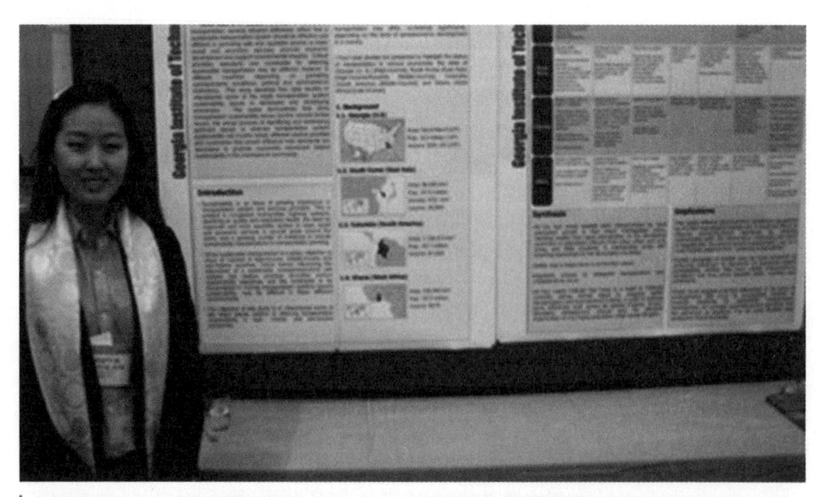

| 2005년 Washington DC에서 열린 TRB Annual Conference에서 지속가능한 교통에 관한 주제로 발표를 하고 있는 모습

우리는 전 세계적으로 교통 분야에서 가장 규모가 큰 Transportation Research Board(TRB) Annual Conference에 매년 관련 논문을 발표하러 다녔다. 동시에 학회 내에서 이루어지는 관련 커뮤니티 활동에도 적극적으로 참여해 이 분야의 최신 연구 동향을 파악함과 동시에 저명한 연구자들과의 협력 연구를 도모했다. 현재까지도 Sustainable Transportation Indicators Subcommittee에는 회원으로 Transportation and Sustainability Committee와 Metropolitan Policy, Planning, and Processes Committee에는 친구로서 관련 연구 커뮤니티 내에서 새로운 연구 결과를 주고받으며 앞으로의 연구 방향이나 공동연구 저자를 찾는데도 도움을 받고 있다. 또한 매년 TRB 학회에서는 전 세계에서 교통을 연구하고 있는 한국 사람들이 모여 친목과 유익한 정보교류를 도모하기 위한 단체 KOTAA (Korean Transportation Association in America)의 모임도 이루어진다. 이 단체에서는 학회에 발표하러 온 대학원생들을 대상으로 Grant 형식으로 작은 경비를 지원해주는 프로그램을 제공하는데, 나 또한 두 번 정도 감사히 지원을 받을 수 있었다. 모처럼 이 모임에서는 멀리 한국을 포함 세계 곳곳에서 오신 분들과 우리말로 담소를 나누며 저녁식사도 같이 하고 연구에 대한 토론도 하며 향수에 젖은 시간을 보냈던 좋은 기억들이 있다.

내게 4년 반 동안의 박사과정 기간은, 듣고 싶은 수업을 골라 들으며 공부하고, 또 하고 싶은 연구를 자유롭게 맘껏 할 수 있었던 시간들로 기억된다. 물론 최대한 자율적으로 생활하면서도 올바른 방향으로 부지런히 연구를 진행할 수 있게 지도해주신 교수님 덕분이 크다고 할 수 있겠다. 우리 교수님의 멘토링 방법 중에서 가장 인상적이었던 것 중의 하나를 소개하고자 한다.

2001년도에 Marcus Buckingham과 Donald Clifton, Ph.D.가 뉴욕에서 내놓은 「Now, Discover Your Strengths」라는 책에 근간한 것인데 한국에서는 「위대한 나

의 발견-강점 혁명」이란 제목으로 출판되어 있다. 이 책의 주제는 자신의 약점을 보완하기 위한 노력보다는 자신의 재능과 강점을 발견하고 이에 집중해 자기계발하는 것이 훨씬 더 생산적이며 개개인의 성공을 앞당길 수 있다는 것이다. 책의 핵심은 갤럽에서 30년동안 각 분야에서 가장 뛰어난 200만 명을 인터뷰한 결과를 바탕으로 개발한 Strengths Finder 프로그램으로 각자의 타고난 Top5 재능과 강점을 찾을 수 있도록 도와준다. 책은 총 34가지 강점에 대해 자세히 다루고 나서, 지도자의 입장에서 각기 다른 강점을 가지고 있는 사람을 어떻게 관리/지도해야 개인의 강점 계발을 극대화시키면서 조직에서 가장 최적의 역할을 맡길 수 있는지를 논하고 있다.

Georgia Tech 박사학위를 받고 졸업식에서

당시 이 책을 자세히 읽고 Strengths Finder로 내 Top5 강점을 찾아보며 느꼈던 전율이란! 30여 년을 살아온 나라는 사람에 대해 나 자신도 쉽게 정의내리지 못했던 것들을 이 책은 1시간 정도의 온라인 상의 질문을 통해 5가지 핵심 키워드로 정리해주었기 때문이다. 이렇게 알게 된 나의 5가지 강점은 차례대로 Learner(학습자), Maximizer(최상주의자), Relator(관계자), Positivity(긍정성), Includer(포괄성)였다. 정말 신기하지 않은가! 나의 첫 번째 강점과 두 번째 강점을 조합하면 나를 모르는 그 누구라도 내가 왜 박사과정까지 공부하기로 결정했는지에 대해 의아하게 생각하지 않을 것이다.

사실 그랬다. 나는 언제나 새로운 것들을 배우는 데 대한 큰 기쁨을 느꼈고 배우고자 하는 집념 또한 누구보다 강했다. 대학원 시절 당시 나를 가장 흥분시켰던 순간들은, 늘 다음 학기 수강신청을 하며 어떤 과목들을 배우게 될까 시간표를 짜보며 기대하던 시간이었다. 이는 꼭 학교 공부와 관련된 것만이 아니라, 내게 딱히 별 이득이 되지 않을 작은 것들에도 마찬가지였다. Life-long learner로 살고 싶었던, 스스로를 기쁘게 하기에 늘 추구해왔던 라이프스타일, 그것이 바로 나의 가장 큰 강점이었던 것이다.

두 번째 강점도 첫 번째 강점의 연결선상에서 생각할 수 있겠다. 한 번 배울 때 최대한 집중해 제대로 배워보자는 의욕, 남들보다 조금 빨리 쉽게 터득하는 능력, 배운 것을 실제 적용할 때는 그냥 '잘'하고자 했던 것이 아니라 가장 좋은 방법을 찾아 최고로 잘해보고자 했던 열정. 이런 것들이 모이고 쌓여 지금의 나를 만들어 준 것이 아닌가 싶다.

나머지 3가지의 강점은 놀랍게도 내가 인생을 바라보는 시각과 핵심적인 가치관들을 잘 요약해주고 있다. 언제나 사람들 간의 관계를 소중하게 생각하고 서로 진심이 오가는 친밀감 속에서 행복을 느끼는 사람(Relator), 인생을 늘 긍적적인 자세로 바라보고 살아있다는 사실에도 감사하며 모든 일을 즐겁게 정열적으로 할 수 있는 사람(Positivity), 하늘 아래 모든 사람은 동등하며 똑같이 중요하기 때문에 누구도 배제되어서는 안 된다고 믿으며 평등과 형평성을 중요하게 생각하는 사람(Includer). 나로서는 전미현이라는 사람은 이러한 Ingredient들로 구성되어 있다는 것을 제 3자의 평가를 통해 재확인해볼 수 있었던 좋은 기회가 되었다. 교수님 입장에서도 이런 나를 가장 효과적으로 지도하기 위한 나름의 가이드를 얻으실 수 있었을 것이다. 회사나 학교에서 이 책과 비슷한 방법론을 이용해 직원/학생들의 강점을 찾아주고 그들 개개인에게의 맞춤형 지도 관리를 통해 모두에게 Win-Win이 되는 최상의 결과를 도출하기 위한 노력을 해보는 것은 어떨까 생각해본다.

그런가 하면, 대학원 시절부터 활동에 참여했던 여러 단체 중에 WTS(Women's Transportation Seminar)라는 교통 분야를 전공하는 여성단체가 있다. 1977년에 생긴 국제단체로서 당시 미국이라는 나라에서조차 여성들이 학술 모임 성격 이외의 조직 활동을 지원하지 않았던 이유로 붙여진 이름이다. 시간은 흘러 지금은 6,000여명의 남녀 회원이 모여 활동하며 교통 분야에서 여성의 기회와 권익을 높이기 위해 힘쓰고 있으며, Industry Leader들로 이루어진 많은 회원들이 매달 지역별 Monthly Program에 저명한 발표자를 초대해 여러 가지 교통 이슈를 논하고 회원 간 네트워킹을 도모하고 있다.

이 단체에서 제공하는 멘토링 프로그램, 리더십 Training, 그리고 Scholarship 프로그램 또한 잘 되어있는 것으로 유명하다. 매년 각 지역에서 재정적으로 지원이 필요한 야망 있는 여학생들의 신청을 받아 협회에서 장학금 심사를 하고, 이렇게 해서 선정된 학생은 Annual Luncheon 이벤트에서 간단한 발표를 하고 장학금을 수상하게 된다. 나 또한 박사과정 학생 신분으로 장학금 신청을 했었으나 다른 학생들에게 밀려 장학금을 받지는 못했다.

얘기가 나온 참에 잠깐 장학금 관련해 일반적인 얘기를 하자면, 미국에는 학교 이외의 크고 작은 단체나 일반 기업에서 수여하는 장학금 프로그램이 정말 셀 수도 없이 많다. 학부나 대학원생들 구별 없이 주변에 많은 기회들이 있으며, 주변에 미국 학생들 중에서 장학금 한번 받아보지 않은 사람이 없을 정도이다. 조지아텍 대학원에서 만난 미국 친구들 정도면 이력서에 장학금 수여 경력이 줄줄이 들어가는 것은 기본이다. 하지만 이런 장학금의 신청자 조건은 최소한 영주권 이상, 미국 시민권자들에게 훨씬 유리하게 기회가 주어지는 것은 상식선의 일이다. 거기다 마이너러티(minority)인종인 흑인이라면 백인들보다도 훨씬 더 많은 기회가 생긴다.

미국이라는 나라는 무엇을 하든지 군대에 다녀온 사람들, 참전 용사들, 마이너러티(흑인)를 대우해주는 정책이 오래전부터 틀이 잡혀있기 때문이다. 변명 같지만, 상대적으로 나처럼 동양에서 온 유학생의 신분으로 이런 기회를 잡기란 상당히 어려운 일이라 할 수 있겠다. 실제로 여러 유학생들이 지원하는 걸 봤지만, 내가 기억하는 3-4년간의 장학금 수여자들은 모두 백인 아니면 흑인 미국 여학생들이었던 걸로 기억한다. 당시에는 조금 씁쓸한 기분이었던 걸로 기억하는데, 지금에 와서 다시 생각해보면 지역 사회에서 유학생들보다 본토의 학생들에게 기회를 더 주고자 하는 건 어쩌면 인지상정 당연한 일이기도 하겠다.

박사과정 기간 중에 특별히 기억에 남는 컨퍼런스가 있는데, 2005년과 2006년 2년에 걸쳐 참석한 Annual Inter-University Symposium on Infrastructure Management(AISIM)이다. 제 1회는 캐나다의 University of Waterloo에서, 제 2회는 University of Delaware에서 열렸던 이 심포지엄은, 사실 카네기 멜론 대학원에서 박사를 하신 내 지도교수님과 그분의 지도교수님과 관련있는 주요 인맥들이 주축이 되어 시작한 학회이다. 이분들이 처음 이 심포지엄을 계획했을 때의 목적은 각자 본인의 대학원생들을 데리고 1년마다 모여서 서로의 연구 결과를 업데이트하고 비슷한 분야를 연구하는 미국/캐나다 전역의 학생들에게도 황금 같은 네트워킹의 기회를 주자는 데 있었다.

지금은 University of Delaware에 계신 호주 출신의 Dr.Sue McNeil 교수님이

배출한 많은 제자들, 그 제자들이 지금은 다시 교수가 되어 미국 전역에 퍼져있고, 다시 그분들의 제자들이 모여 연구 발표 및 네트워킹을 도모하기 위한 자리가 되었다. 나 또한 이 심포지엄에 두 번 참석해 논문 발표를 하고 2006년에는 발표한 모든 학생들 중에서 Best Paper/Best Presentation Award를 받을 만큼 열심히 임했었다. 이렇게 시작된 이 심포지엄은 올해로 벌써 11회째를 맞고 있으며 매년 여름 이 전통을 이어 Virginia Tech, University of Texas – Austin, University of Iowa – Iowa City, Northwestern University, Georgia Tech, University of California – Berkeley 등의 학교에서 열리고 있다. 어떻게 보면 작은 인맥의 pool에서부터 시작된 대학원생이 리드하는 이런 심포지엄은 관심분야가 같은 학생들 간의 정보 교류와 심층적인 토론을 가능케 했으며, 일반적인 대규모 학회보다는 좀 더 친근하고 가족적인 분위기에서 학생들의 발표력을 기르는 동시에 현재 진행하고 있는 연구에 진전이 있도록 도와주고 있다. 우리나라 대학원에서도 여건이 허락한다면 이와 같은 중소 규모의 포럼이나 심포지엄을 정기적으로 개최하여 대학원생들이 주축이 되어 특정 관심분야의 연구 주제를 발표하고 네트워킹을 통해 공동연구도 진행할 수 있도록 이끌어주면 어떨까 하는 바람을 가져본다.

수업과 연구 이외의 시간에는 지도교수님을 도와 Civil Engineering Systems라는 3학년 전공 필수 수업의 Teaching Assistant(TA)로 일하며 수업 커리큘럼 개발에도 참여했던 것이 의미 있는 기억으로 남아있다. 이 수업은 학생들에게 전반적인 토목 인프라와 서비스를 체계적인 관점에서 소개하는 것을 기본 목적으로 하며, 지속가능성의 개념이 토목공학시스템의 계획, 디자인, 건설과 운영에 어떻게 적용될 수 있는지도 가르친다. 나는 일반적인 TA의 역할인 숙제와 시험 채점을 돕는 한편, 이 수업에 지속가능성과 관련된 토목공학자로서의 Ethics(직업 윤리)를 새롭게 포함시키기 위한 연구를 시작했다. 이에 학생들이 학교를 졸업하고 나서 토목공학자로서 정부, 공기업, 또는 민간단체에서 일하게 되었을때 실제로 맞닥뜨릴 수 있을법한 중요한 의사결정 상황을 Case Study로 개발했다.

수업 형식은 전반부 강의 형식과 후반부의 조별 워크숍 시간으로 이루어졌으며, 조별로 여러 가지 기준에 따라 내린 의사결정 결과를 각 조의 대표가 나와 발표하고 서로 비교/토론하는 것이 중심이 되었다. 학생들에게 참고자료로 실제로 존재했던 대규모 도로 건설 프로젝트 계획안과 환경 영향평가 자료를 직접 나누어주고 비용, 교통 편의, 환경에 미치는 영향 등 여러 가지 평가기준을 적용해 최적의 대안을 선택하게 했는데, 워크숍을 통해 개인의 윤리의식과 주관적인 의사결정이 공공사업에 얼마나 큰 영향을 미치는지 직접 깨달을 수 있도록 하는데 수업 목표가 있었다. 대학원 시절 내가 개발한 이 수업은 이후 공식적으로 조지아텍 토목공학과 수업에 도입되었으며, 수업의 개발자로서 졸업 전까지는 내가 직접 강의와 워크숍을 이끌었다. 이때 개발된 커리큘럼과 수업에 직접 적용해본 결과를 분석하여 American Society for Engineering Education(ASEE) Annual Conference에 2006년 Chicago에서 논문 발표를 했고, 이후 학생들의 피드백을 계속해서 모으고 그에 따라 수업을 업데이트해 온 결과를 저널에 실어 출판하려는 노력도 하고 있다.

한국과 미국의 대학원 수업들의 가장 큰 차이점은 적어도 토목공학과에 한해서는 아마도 Lab(실험)이라고 불리우는 Hands-on Experience를 중시하는 보조수업의 유무가 아닐까 싶다. 대부분의 전공 필수 과목들은 보통 강의식 수업 시간에 뒤따르는 2~3시간짜리 Lab이 있는데, 학생들이 각자 또는 조별로 그룹을 이루어 수업 시간에 배운 내용과 관련된 실제 과제를 교실 안팎에서 적용해보는 것이다.

몇 가지 기억에 남는 Lab이 있는데, Transportation Planning수업이었는데 조별로 애틀랜타의 대중교통 시스템인 MARTA(Metropolitan Atlanta Rapid

Transit Authority)를 직접 이용해 정해진 3-4곳의 목적지에 가봄으로써 대중교통 노선의 확대 필요성을 피부로 느껴보자는 취지의 과제, 장애우의 학교 시설과 보행자 도로 이용 불편도를 직접 경험해보기 위해 휠체어를 타고 학교 캠퍼스 곳곳을 돌아다니며 경험한 내용을 리포트로 정리해 내는 과제, 지역별 지하철역 부근의 서로 다른 도시계획 형태를 비교하기 위해 몇몇 특징적인 지하철역 주변 지역을 가보고 리포트를 내는 과제 등이 주어졌다. 수업 시간에 앉아 배운 것들과는 달리, 실제로 내가 걷고 타고 학교 밖을 나가서 직접 경험하고 느꼈던 기억들은 시간이 지나도 쉽게 잊히지 않는다. 교육학계에서는 이미 널리 알려진 것처럼 Hands-on Experience가 이론 수업과 아울러 병행되었을 때 학생들에게 훨씬 더 큰 교육효과를 가져올 수 있다는 것을 증명이나 하는 것처럼...

조별 Lab수업이 부수적으로 가져오는 긍적적인 효과는 수업을 같이 듣는 친구들과도 자연스럽게 가까워질 수 있다는 점이다. 가끔은 외로운 유학 생활을 씩씩하게 견뎌나가기 위한 한가지 방편이 되는데, 내게는 미래의 상사가 될 분과 개인적인 친분관계를 쌓을 수 있는 기회도 마련해주었다. 당시 학교에 우리보다 나이가 많은 터키에서 온 한 남자분이 파트타임으로 석사과정을 밟고 있었는데, 나는 이 분과 2~3년에 걸쳐 여러 수업을 같이 들으면서 자연스럽게 친해지게 되었다.

시간이 한참 지나 졸업할 때쯤이나 되어 알게 되었지만, 이분은 그때 당시에도 지금 내가 몸담고 있는 Parsons Corporation이라는 건설 대기업에서 꽤 높은 직책을 맡고 있는 분이었다. 이분은 풀타임으로 일을 하며 수업과 과제를 따라가야 했기 때문에 아무래도 전업 학생들에 비해 시간적인 제약이 있었고, 수업 노트라든지 과제 등의 도움을 필요로 할 때마다 가끔 내게 연락하곤 했었다. 그 당시 대가를 바라지 않고 베풀었던 동급생으로서의 친절, 언제나 열심히 수업에 임했던 성실함, Lab시간에 조별 과제를 수행하며 보여준 책임감과 리더십 등이 아마도 나중에 이

2013년 도로확충계획 관련 현장실사를 나갔을 당시 모습

분이 실제로 나를 채용하게 됐을 때 떠올렸던 좋은 기억들이 아니었을까 생각해본다.

혹자는 내가 실제로 가진 능력에 비해 지나치게 좋은 운을 타고난 것은 아닐까 하고 반문할 수도 있을 것 같다. 하지만 나라고 해서 늘 내가 원하고 그리던 삶의 방향대로만 살아온 것은 아니다. 사실 박사과정 기간 당시만 해도 나는 향후 진로로 학교나 연구소 이외에는 고려하지 않고 있었다. 지속가능한 교통과 도시계획에 대한 연구를 계속하며 대학에서 교편을 잡고 싶었던 것이 내가 어릴 적부터 꿈꾸던 모습이었기 때문이다.

졸업 후에 지금처럼 회사에 취직해 일하게 되고 그것도 이렇게 7년 반이 넘도록 같은 직장에서 정착하게 되리라는 건 그 당시에 미처 상상하지 못했고, 솔직히 얘기하자면 지금의 나는 어떤 면에서 최상이 아닌 차선의 시나리오를 따르고 있다고도 볼 수 있겠다. 박사과정을 졸업하던 해인 2007년 초부터 나는 대학에서 가르치는 자리를 찾아 지원을 했었고, 그중 몇몇 곳에서는 서류 심사와 전화 인터뷰를 거쳐 최종 인터뷰까지도 갔었다. 이 학교들 중에는 State University of New York (SUNY) at Buffalo와 University of Connecticut처럼 연구 활동으로 꽤 유명한 학교들도 포함되어 있었다. 하지만 어딘가 부족했던 내 탓으로 당시에 내게 꼭 맞는 학교 자리를 찾기 어려웠고, 지도교수님의 추천과 터키 수퍼바이저의 부름으로 지금의 회사인 Parsons Transportation Group(Road and Highway Division)에서 Transportation Engineer로서 직장생활을 시작하게 된 것이다.

Parsons라는 기업은 1944년 건립된 토목 엔지니어링, 건설, 기술, 관리 서비스를 담당하는 회사로, 현재 전 세계 29개국에 걸쳐 15,000여 명의 직원이 5,000여 개의 프로젝트를 수행하고 있는 Industry Leader 중의 하나이다. 처음 몇 년 동안의 직장 생활은 스트레스 적은 일, 주중 일과시간 이외의 저녁시간과 주말은 전부 내 시간이라는 것, 매 2주마다 어김없이 들어오는 급여 등이 매력적인 요소로 다가왔다. 회사의 고위관리자들도 나의 가치를 인정해주고 실력 발휘할 기회를 주었으며, 비록 내가 원하는 관심분야의 연구를 많이 할 수 없어서 완전히 만족할 수는 없지만, 내가 맡은 자리에서 최대한의 가치를 활용해왔다고 믿는다.

현재 나는 Traffic Engineer이자 동시에 Transportation Planner로서 여러 프로젝트의 Task Leader를 맡아서 하고 있다. 회사에서 담당해왔던 수많은 프로젝트 중에서 가장 기억에 남고 내게 의미 있었던 과제들에 대해 간단히 소개할까 한다. 먼저 내가 졸업한 지 얼마 되지 않아 미국은 물론 전 세계를 통틀어 "지속가능성"이라는 개념이 거론되지 않는 분야가 없었다. 우리 회사에서도 전사적으로 지속가능성에 관한 정책을 총괄할 Sustainability Director를 뽑고, 회사 내의 분야별 Subject Matter Expert들을 차출하여 Parsons Sustainability Handbook 개발 프로젝트에 착수했다.

때마침 나의 박사논문이 지속가능성을 교통계획과 의사결정 과정에 효과적으로 포함할 수 있는 방안이라는 것과 독일 출판사에서 최근에 논문의 수정본을 책으로 출판했다는 사실을 회사에서 알게 되어 본부에서 내게도 도움을 요청했다. 지속가능성을 정의하고 평가 척도들을 개발하고 실제 Metro Atlanta의 교통/토지이용 계획의 지속가능성 정도를 평가해보았던 나의 일차적인 경험으로, 회사의 미래 비즈니스 모델이 지속가능한 전략과 해결책을 포함하기 위해 나아가야 할 방향을 모색하는데 애썼다. 이 핸드북은 2009년에 출판되어 전직원의 책꽂이에 꽂혀 이들이 고객을 대상으로 하루하루 프로젝트를 지속가능한 관점에서 수행하는데 있어 총체적인 길잡이가 되고 있다.

이 프로젝트 이외에는 수많은 도로 계획과 교통 분석 프로젝트에 다양하게 참여해왔는데, 그중에서도 현재 디자인 마무리 단계에 있고 동시에 한창 건설 중에 있는 약 1조원 규모의 Northwest Corridor 프로젝트를 잠깐 소개하고자 한다. 이 프로젝트는 조지아 주 역사상 가장 큰 규모의 교통 프로젝트이자 첫 민관협동사업으로 Parsons가 Lead Designer로 활약하고 있는데, 거의 50km 구간이 애틀랜타 주요 고속도로에 유료로 운영되는 가변차로를 1-2차로 추가로 확충하는 과제이다. 나는 이 프로젝트의 제안서 단계에서부터 참여하여 총체적인 도로 표지판과 노면표시계획을 맡았으며 그 외 새로운 도로 계획안에 따른 다양한 교통류 분석과 교통신호체계, Intelligent Transportation System(ITS) 계획에도 기여했다. 이 프로젝트가 큰 규모 이외에도 특별히 의미있는 이유는, 일반적인 도로건설 프로젝트가 전통적인 방법인 Design-Bid-Build로 이루어져 엔지니어들은 입찰 이전의 디자인 단계에만 관여하는 반면, 이 프로젝트는 디자인을 하는 업체와 건설을 하는 업체가 미리 한 팀이 되어 사업 수주를 하고 나서, 디자인과 건설이 동시에 협력적으로 이루어지기 때문에 실제 건설 단계에서 부각되는 여러 가지 이슈들을 직접 해결하며 새로운 통찰력을 얻을 수 있었다는 점이다. 현재 한창 건설이 진행 중인

이 프로젝트는 Design-Build의 원래 취지대로 건설 기간 또한 최대한 효율적으로 단축하여 2018년 완공을 목표로 하고 있다.

이렇듯 맡은 자리에서 최선을 다하며 늘 새로운 것을 배우는데 부지런하고 하루하루 더 나은 엔지니어가 되려는 자세로 임한 결과, 몇 가지 성과가 따랐다. 2010년에는 시험을 치러 미국 토목공학기술사(교통) 자격증을 취득해 Professional Engineer(PE)가 되었고, 2011년에는 Leadership in Energy and Environmental Design(LEED) Green Associate이 될 수 있었다. 같은 해 2011년, Marquis Who's Who in Science and Engineering 리스트에 이름이 올려졌다.

2015년 초에는, Engineering News-Record(ENR)에서 매년 지역별 Top 20 Construction & Design Industry에 있는 젊은 엔지니어 (Top 20 Under 40)들을 선정하는데 Southeast지역 리스트에 포함되었다.

사실 내가 하고 있는 일보다도 지속가능성과 관련된 연구 성과로 받은 것이었는데, 조지아주 Secretary of State에게 축하 편지를 받고 회사 전체 홈페이지와 조지아텍 토목과 홈페이지에도 사진과 함께 뉴스로 올라갔던 행운도 따라왔다. Georgia Tech에서 지속가능한 교통에 관한 주제로 대학원 수업에 Invited Lecture를 하기도 했고, Metro Atlanta의 Planning Organization인 Atlanta Regional Commission (ARC)과 Korean Women in Science and Engineering (KWiSE)등에서 강사로 초청받아 발표도 하게 되었다.

비록 아직까지 많은 것들을 이루지는 못했지만, 이제까지 미국에서 공부하고 일하며 지내오면서 힘들었던 점들과 새로 얻은 교훈 등을 공유할까 한다.

첫번째, 언어 장벽을 극복하기는 과히 쉽지 않으며 미국에 처음 왔을 때와 마찬가지로 지금까지도 내게 가장 큰 도전 상대로 남아있다. 물론 시간이 지날수록 영어가 조금씩 편해지는 건 사실이지만 좀 더 중요한 자리에 올라갈수록 그만큼 스스로의 (또는 외부의) 기대치 또한 높아지기 때문에, 내가 구사하는 영어는 아직까지도 만족스러운 수준에 훨씬 못 미친다. 참고로, 우리나라 속담에 "침묵은 금이다"라는 말이 있지만, 미국 생활에는 전혀 해당되지 않는 말이다. 수업 시간에도 질문을 하지 않는 학생보다는 많이 하는 학생들이, 회의 시간에도 가만히 있는 사람보다 적극적으로 나서서 의견을 개진하고 다른 사람 의견에도 문제 제기를 하는 사람들이 사회가 바라는 상이다.

두 번째로, 대체로 동양인들은 서양인들에 비해 적극적인 의사소통에 좀 소극적인 것처럼 보인다. 첫 번째 제기했던 언어 장벽과도 관련이 없지는 않을 텐데, 단순히 언어 문제만을 얘기하자는 건 아니고, 좀 더 포괄적으로 상사와의 의사소통이라든가 고객 관리, 영업 등까지 포함해 말하는 것이다. 의사소통 능력이 어느 조직에서든 리더가 되기 위해서 필수적인 요건이라는 건 새로운 사실이 아니다.

예를 하나 들자면, 어떤 조직에서 새로운 자리를 제의받아 입사하기 전 연봉협상을 한다고 할 때, 보통 우리들은 회사에서 제시하는 금액을 있는 그대로 받아들이는 것을 당연하게 여기지 않는가. 하지만, 미국에선 본인이 원하는 바를 꾸준히 반복해서 정확히 얘기해야만 상대방이 귀담아 듣기 시작한다. 문제 삼아 드러내놓고 이야기하지 않는 사람은 현재 상황에 만족하고 있는 걸로 여겨진다. 우는 아이 떡 하나 더 준다는 속담이 딱 들어맞는 경우일 것이다.

원하는 것을 정확히 전달하되 상대방의 기분이 상하지 않게 잘 설득하는 능력, 또는 과거나 현재, 미래의 고객들을 적극적으로 관리하고 그들이 원하는 것을 미리 꿰뚫어 그들이 하고 싶은 말을 대신 해줄 수 있는 능력. 이런 것들은 공부한다고 길러지는 것이 아닌 사업적인 감각일 수도 있지만, 적어도 나는 이런 면에서 주변의 말 잘하는 친구들보다 덜 민감한 편인 것 같다.

이 외에도 학교나 연구원이 아닌 회사원으로서의 생활이 아쉬운 점들이 있다.

제일 먼저, 내가 하고자 하는 관심분야의 연구를 할 수 있는 기회와 시간이 절대적으로 부족하다는 점이다. 회사에서 맡아 참여하는 프로젝트들은 늘 바쁘게 돌아가는 반면 내 연구와 동떨어져 있는 것들이 대부분이고, 회사 일과 시간 이외의 내 개인적인 시간을 쪼개서 하고 싶은 연구를 해야 하는 실정이다. 물론, 연구를 개인적으로 진행해 논문을 내거나 저널에 게재하면 회사에서 지급하는 인센티브가 있고, 드물게 회사 프로젝트와 관련된 논문을 학회에 가서 발표할 수 있는 기회도 생기긴 하지만 쉬운 일은 아니다.

마지막으로, 대부분의 회사원들에게 공통적인 문제이겠지만 비교적 출퇴근 시간이 자유롭지 않고 일과 시간 동안에는 회사에 하루 종일 매여 있어야 한다는 점이다. 물론 근무 시간으로만 이야기한다면 한국 직장 생활과 비할 바가 아닐 것이다. 내가 풀타임으로 근무한 7년 반 동안의 시간 동안, 일과 시간 이외의 저녁시간 그리고 주말 동안 일해야 했던 적은 기껏해야 10번이 안되는 것 같다. 물론 요즘은 관리자가 되기 위한 교육을 받는 중이라 몇 달째 온라인 수업과 시험에 내 시간을 많이 뺏기고 있지만 말이다. 중요한 여성 복지의 한 가지인 출산 휴가 기간 또한 수술 유무에 따라 6~8주가 전부라 사실상 한국보다 열악한 상황이다. 상황이 이렇다보니 나보다 시간이 자유로와 늘 안팎으로 든든한 버팀목이 되어주는 남편과, 존재 가치만으로도 내게 힘을 불어넣어주는 이제 돌이 갓 지난 아들에게 언제나 고마울 뿐이다.

나는 이 자리에서 만족하지 않고 앞으로도 계속해서 나의 더 큰 미래와 꿈을 향한 노력을 계속할 것이다. 인생은 충분히 길며, 지금보다 내가 더 잘 할 수 있고 해야 할 일이 따로 있다고 믿기 때문이다. 그리고 나처럼 미래를 꿈꾸고 준비하는 사람들에게 해주고 싶은 한 마디가 있다면, 최상의 시나리오를 향해 정진하고 노력을 게을리하지 말아야 하지만, 최선이 아니라면 차선인 제2,3의 시나리오를 마련해 놓아야 하고 그에 따른 준비 또한 되어있어야 한다는 것이다. 그리고 비록 현재는 본인의 꿈에 완전히 일치하지 않는 길을 가고 있다 할지라도 그 자리에서 맡은 바 책임을 다하며 꾸준히 꿈을 잃지 않고 같은 방향을 위해 정진하면, 언젠가는 머지않아 준비된 나에게 기회가 먼저 찾아오리라는 것을 말해 주고 싶다. 나 또한 이를 믿고 하루하루 준비하며 열심히 살아가고자 한다.

2015년 미 동남부 지역 마흔살 이하의 젊은 엔지니어 스무 명 중의 한 명으로 선발되었다
(Engineering News-Record, Southeast)

Expedition Missions

후회없는

나의 선택, 나의 인생

Sora Cho

얼바인 캘리포니아 대학에서 (University of California, Irvine) 생물 의학 물리학을 전공하고 산타바바라 캘리포니아 대학에서 (University of California, Santa Barbara) 응집 물질 이론 물리학으로 (Theoretical Condensed Matter Physics) 석사, 박사 학위를 받았다. 보잉항공사에 속해있는 인공위성 회사에서 (Boeing Satellite Systems)에서 리드 시스템 엔지니어로 18년간 근무를 하고 있으며 [Tracking and Data Relay Satellites (TDRS) for NASA, Wideband Global Satellites (WGS) for United States Department of Defense (DoD) 프로젝트 등] 주요 위성 프로그램을 성공으로 이끌었다. 업적을 인정받아 보잉항공사에서 주는 [World Class Engineering Awards, Sprit of Engineering Excellent Award, Boeing Award for Outstanding Performance, WGS Achievement Award in Recognition of Excellent Achievement, Superior Team Award for Spaceway 등]많은 상을 수상했다

부딪히며 경험하고 배우다

벌써 20년도 훨씬 더 지난 내가 고등학교를 다닐 때 있었던 일이다. 그때만 해도 한국 밖으로 나가본 사람은 주위에 눈을 씻고 봐도 찾아볼 수 없었던 시절이었다. 내가 고등학교 3학년으로 진학한지 얼마되지 않았을 때 너 나 할 것 없이 대입 시험 준비에만 매달려 있던 우리들을 소란스럽게 만든 일이 생겼다. 대사관 직원의 딸이 우리 학교로 전학을 온 것이다. 한국 말을 떠듬떠듬 하던 그 아이는 어려서부터 외국에서 살았다고 했다. 당연히 질문 공세가 쏟아졌고, 그 아이는 서툰 한국어로 떠듬떠듬 대답을 했다. 어느 나라에 가봤는지, 외국 학교와 한국 학교는 어떻게 다른지, 파티는 많이 다녔는지... 그러던 중 한 친구가 이런 질문을 했다. "비행기는 몇 번이나 타 봤어?"

비행기를 한 번이라도 타 본 사람이 주위에 없던 시절이라 우리에겐 너무 당연한 질문이었고, 우리는 모두 그애의 대답을 기대하며 기다렸다. '몇 번이나 타 봤을까? 열 번 넘게 타 봤을까?' 그 아이는 멍한 표정으로 우리를 쳐다봤고 우리는 그애가 질문을 못 알아들었다고 생각하고 다시 물었다. "비행기, 에어플레인 , 몇 번 타 봤냐고?" 지금은 이름조차 생각나지 않은 그 아이의 당황한 표정은 아직도 기억에 생생하게 남아있다. "그걸 어떻게 다 세고 있니?"

잠시 동안의 침묵 후에 교실은 웃음 바다가 됐다. 처음 질문을 한 친구에게 다른 친구가 무안을 주었다. "촌스럽게... 너는 누가 버스 몇 번 타봤냐고 물으면 대답할 수 있겠니?" 우리들은 모두 서로를 멋적게 쳐다보며 웃었다. 그저 대학 입시만이 현실인 우리에겐, 그래서 집에서 학교 외에 밖으로 나가는 일조차 드물었던 우리에겐, 너무 다른 세상의 이야기. 그 아이는 얼마 안되서 외국인 학교로 전학을 갔고, 우리들은 다시 학교와 집을 오가며 대학 입시를 걱정하는 평상시의 조용한 생활로 돌아왔다.

그런데 얼마 지나지 않아서, 아버지께서 우리의 일상을 완전히 뒤집을 만한 소식을 가지고 오셨다. 우리 가족이 전부 미국으로 이민을 가게 되었다는 것이다. 미국? 갑자기 왠 미국? 어리둥절해 있는 우리에게 아버지가 하시는 말씀은 우리 초등학교때 미국에 사시는 외삼촌이 우리 가족을 미국으로 초청을 하셨는데 그 서류가 십여 년이라는 세월이 지나 이제서야 접수가 되었다는 것이다. 이번에 이민을 포기하면 다시 기회가 오기까지 십 년이 더 걸릴 것이므로 지금 가야 한다고 하셨다. 사람은 큰 물에서 놀아야 한다는 신념을 가지고 계시던 아버지의 결심은 확고했고, 우리 가족은 미국 이민 준비를 시작했다. 서울 의대에 다니던 오빠는 한국에 남아 대학을 마치기로 하고, 고3이었던 나와 동생은 내가 고등학교를 마치는 대로 바로 출발하기로 결정이 났다. 미국대사관에 가서 이민을 위한 인터뷰를 하고, 집 정리를 하고, 여권도 만들고, 친구들과 작별 인사도 하며 정신없이 지내다 보니 어느덧 출발일이 되었고 생전 처음 타보는 비행기를 타고 캘리포니아라는 낯선 땅으로 향하고 있었다.

지금 생각해도 캘리포니아에 도착한 후에 한 두 달은 뭘 했는지 잘 기억이 나질 않는다. 마치 영화를 빠른 속도로 돌려본 것처럼 선명한 장면이 아닌 흐릿한 연속적인 영상으로만 남아있을 뿐이다. 운전 면허를 따고, 수많은 미국 정부 기관을 다니면서 서류를 작성하고, 학교를 등록하고, 아파트를 얻고, 차를 사고, 이사를 하고, 가구에서 부엌용품까지 수많은 쇼핑을 다니고… 기억에 아직도 뚜렷이 남아있는 장면은 동생과 나를 새로 이사한 아파트에 남겨두고 한국으로 떠나시던 어머니 뒷모습이다. 아니 그 모습을 기억한다기보다 그 막막했던 느낌을 기억한다는 것이 맞을 것이다. 동생과 생전 처음으로 부모와 떨어져 말도 안 통하는 낯선 땅에 남겨진 느낌, 지금부터 뭘 어떻게 해야 하나.

물론 언어 문제가 가장 컸지만, 외국에서 산다는 것은 그것만이 문제는 아니었다. 외국 여행을 가이드 없이 해본 사람들은 알겠지만, 언어 문제를 떠나 다른 나라에 가면 그 나라에서 자란 사람이라면 누구나 다 알고 있는 가장 기본적인 상식이 없다는 것이 아주 큰 문제이다. 미국 사회생활에 익숙하면 말을 못한다 하더라고 눈치보며 손짓 발짓 해가며 그런대로 적응할 수 있을 텐데 기본 생활상식조차도 없으니 혼자는 완전히 아무것도 못하는 어린애가 된 것 같은 느낌이었다. 하다못해 글도 모르고 생소한 상품들이 가득한 마켓에 가서 무얼 사야 하는지도 헤매곤 했다. 어떤 사람이 개밥으로 나온 통조림의 표지에 개가 그려진 것을 보고, '아, 미국에는 개고기도 통조림을 만들어 파는구나! 그런데 미국 사람들은 고양이 고기도 먹나 보네? (당연히 고양이 밥으로 나온 통조림이다)'라고 했다는 우스개 소리에 씁쓸한 웃음을 짓게 되는 이유는 공감이 되는 경험을 한 적이 많기 때문이다.

예를 들어 나는 아보카도를 참 좋아하는데, 아보카도를 처음 먹었을 때는 하도 맛이 이상해서 뭐 이런 게 다 있어 하고 버렸었다. 마켓에서 팔 때는 딱딱한 것을 파는데 그때 먹으면 딱딱하고 떨떠름한 맛이 정말 이상하기 때문이다. 한국의 연시처럼 집에 며칠 두었다가 무르게 되면 먹어야 되는 과일이 아보카도인 걸 그때는 알지 못했다. 그 뒤로 대학원 때 룸메이트가 먹는 법을 가르쳐 줄 때까지 장장 4년이라는 세월을 아보카도를 사 먹어본 적이 없다. 나중에 아는 분에게 들어보니까, 그분은 아보카도를 사다가 삶아보셨다고 해서 한참 웃은 적이 있다.

또 다른 예로는, 어느 나라나 비슷할 지는 모르겠지만, 한국에서는 그런 경험이 없어서 몰랐었는데, 미국에 와서 느낀 점은 많은 사람들이 말을 잘 알아듣지 못하면 천천히 얘기하면서도 자꾸 목소리가 커진다는 사실이다. 천천히 얘기를 해 주는 것이야 당연히 알아듣는데 도움이 되지만, 귀머거리가 아닌 다음에야 큰 소리로 말해준다고 더 잘 알아들을 수 있는 것도 아닌데 말이다. 그리고 많은 사람들이 말을 못 알아들으면 머리가 약간 모자란 줄 안다는 사실. 요즘 같으면 번역하는 프로그램이 많으니 시간이 좀 걸리더라고 의사 통화를 할 수 있지만, 그때만 해도 몇 번 들어도 못 알아듣는 것 같으면 바보 취급당하는 것이 창피해서라도 사려던 것도 포기하게 되는 수가 종종 있었다.

농담인지 실제로 일어난 일인지는 모르겠지만 이런 일도 있었다고 한다.

어느 학생이 영어가 서툴러 음식 주문을 못하고 치즈버거만 먹다가 어느날은 결심하고 스테이크를 주문했다. 웨이터가 "How would you like your steak? (스테이크 얼마만큼 익혀드릴까요?)" 하는데 그 말을 못알아 들어서, "I want steak!" 라고만 대답했단다. 웨이터가 "What kinds of side dish would you like? (사이드로 뭘 원하십니까?)" 하고 묻는 말에도 못 알아듣고, "I want steak!"라고 소리쳤단다. 웨이터도 같이 화가 나서, "Is bake potato fine with you? (구운 감자면 될까요?)" 퉁명스럽게 말하자, 그 학생이 기가 죽어서 조그맣게, "Cheese burger, please. (치즈버거 주세요.)" 하고 대답했단다. 그냥 들으면 참 쉽게 웃으며 흘려들을 수 있는 얘기지만 이런 비슷한 경험을 많이 한 나로서는 그 학생의 심정을 충분히 이해하고도 남기에 마냥 웃을 수 만은 없는 이야기다.

미국에서 아파트를 빌리면 아파트 관리실에서 정비를 해주도록 되어 있다. 전구가 나간다든지, 수도꼭지가 잘 안 돌아간다든지, 전화만 하면 일하는 사람을 보내서 고쳐주게 되어있다. 그런데 그걸 모르고 동생과 전구를 어디서 파는지 몰라 하루종일 여기저기 헤매고 다닌 일부터, 고속도로를 타지 못해, 동생과 15분이면 갈 거리를 한 시간씩 운전해서 매주 행사처럼 한인마켓을 다니던 일. 요리를 할 줄 몰라서, 더더구나 음식점에 가도 뭐를 시켜야 될지 몰라서, 주로 라면으로 끼니를 때

우던 일. 전화벨이 울리면 동생하고 서로 누가 받을지를 놓고 서로를 한참을 쳐다보던 일 등 낯선 나라에서 적응하느라 겪어야 했던 일들이 참으로 많았다. 창피한 일도 많았고, 바보 취급받은 적도 많았고, 실수도 수없이 했다. 남들이 들으면 조금 의아하게 생각할 지도 모르겠지만 어머니가 다시 미국으로 들어오시는 6개월 동안 우리 부모님이 우리에게 전화하신 건 단 두 번. 물론 우리가 먼저 전화를 한 적은 없었다. 전화 가격이 비싸니 "용건만 간단히"라는 교육을 받기도 했고, 또 우리집 식구들이 원래 용건이 없으면 전화를 안 하는 편인 데다가 전화가 없으면 당연히 잘 지내고 있을 것이라는 우리 부모님의 우리에 대한 강한 신뢰 덕분에, 동생과 나는 하나부터 끝까지 철저히 알아서 해결해야 했다.

아마도 우리 부모님은 우리가 사고가 나서 연락을 못 하게 되는 일은 절대로 없을 거라고 장담을 하셨던 것 같다. 물론 의식주를 해결하는 것도 큰 문제였지만, 학교를 다니는 일도 쉽지만은 않았다. 2년제 대학부터 시작한 나는 내 일조차 벅차서 동생을 돌봐줄 여유가 없었기에, 동생은 동생대로 자기가 알아서 대학 입학 준비를 해야 했고, 나는 나대로 대학 편입을 준비해야 했다. 미국 학교 제도는 한국 학교 제도와는 조금 다르다.

한국에서 고등학교를 다닐 때는 시키는 대로 수업듣고 공부만 하면 되는데 미국은 고등학교 수업부터 학생들이 직접 선택해야 한다. 어떤 수업을 들어야 대학에 갈 수 있는지도 어떤 시험을 언제 봐야 하는지 따로 가르쳐주는 담임 선생님도 없다.

스스로 카운셀러를 찾아가 어떤 수업을 들어야 하는지 알아봐야 하고, 어떤 시험, 예를 들어 SAT 같은 중요한 시험도 스스로 등록해서 대학 원서 마감에 늦지 않게 시간 맞춰 봐야 한다. 대학 원서도 스스로 대학에 연락해서 받아야 하고, 스스로 작성해야 하는 곳이 미국이다. 언제까지 등록 마감되는지도 학교에서 따로 알려주는 사람도 없다. 당연이 대학 편입도 나 혼자 알아봐야 했고, 도움을 신청하면 도와주는 카운셀러가 있지만, 말 그대로 도움을 주는 거지, 한국처럼 담임 선생님에서 부모님들까지 나서서 대학 원서 써주시고 등록해 준다거나 하는 일은 결코 없는 곳이 미국이었다.

어머니께서 6개월이 지나서 우리 곁으로 돌아오셨지만, 학교일은 어머니도 어떻게 해주실 도리가 없었기에 결국 스스로 부딪쳐서 손짓 발짓 해가며 물어보고 해보고 또 가서 물어보고 하는 일을 수도 없이 반복하면서 거북이처럼 한 발 한 발 나아가는 수밖에는 없었다. 영어 논문 하나를 내기 위해 조교가 귀찮을 정도로 열 번 넘게 찾아간 적도 많았다. 그러나 요즘은 캘리포니아에도 한국 사람들이 아주 많이 살고, 교육열 높은 부모님들이 많아서, 한국 학원도 아주 많이 생겼다. 그래서 한국 학생들이 편해졌다는 생각을 하곤 하는데, 덕분에 대학 합격하기는 오히려 내 때보다는 훨씬 힘들어진 것 같다는 생각을 한다. 결국 대학 입시는 어느 시절이나 그 나름대로 어렵기 마련인가 보다.

어쨌든 요즘 같으면 어림도 없을지 모르지만 나 때만 해도 대학 입시가 비교적 쉬워서 2년 반 만에 동생도 나도 캘리포니아 대학(University of California)에 모두 합격했고, 동생은 버클리로 진학하고 나는 얼바인 대학으로 편입을 했다. 물론 그때도 영어도 서툴고 모르는 것도 많았지만 미국에서 그럭저럭 2년이라는 세월을 여기저지 부딪치며 살다 보니 친구도 생기고 지리도 낯익어 운전도 겁내지 않고 하게 되었고 가장 중요한 건 어디에 가도 그리 위축되는 일이 없어지게 되었다.

덕분에 대학 생활은 생각보다 그리 어렵지 않았다. 아무래도 언어에는 소질이 없던 나는 물리학을 선택해 공부하고 전공을 이어 대학원으로 진학했다. 그리고 순조롭게 대학원을 졸업했고 이론 물리 박사학위를 받고, 보잉회사에(Boeing) 인공위성 만드는 곳에 취직이 되어 일한지 벌써 18년이 되었다. 동생은 버클리를 정치학으로 졸업하고, 법대를 나와 지금 미국 국회에서 일하고 있다. 만일 지금 누가 나에게 '비행기 몇 번이나 타 봤어?' 하고 묻는다면 나도 '그걸 어떻게 다 세고 있니?'라고 대답 할 만큼 비행기도 지겨울 정도로 많이 타 봤다.

다름을 이해하고 적응하라

지금 돌아보면 미국에 와서 필사적으로 살았던 2년의 시간이 미국에서 사회 생활을 하는데 발판이 되었다고 생각된다. 한국에서 회사 생활을 해본 적이 없으니까 이렇게 저렇게 다르다고 비교할 수 있는 처지는 아니지만 친구들의 한국 회사 생활을 관찰해보면 조금 다르지 않나 하는 생각을 해본다. 내 경험상 미국 회사는 승진이나 좋은 자리를 가려면 본인 스스로 능동적으로 나서야 되는 곳이다.

일만 열심히 하면 상사나 직장 동료가 열심히 일하는 것을 눈여겨 봤다가 알아서 승진 시켜주는 곳, 겸손하게 일만 열심히 하면 능력을 인정해 주는 곳, 지연 · 학연이 든든한 힘이 되어주는 한국 기업 문화와는 전혀 다른 곳이다. 미국 사회는 본인이 나서서 자기 능력을 과시하고, 자기 PR, 자기 주장을 확실히 말하고 권리를 주장해야 되는 곳이다. 물론 너무 나서서 잘난 체를 하거나 남을 깎아내리는 행동을 하면 안된다. 어느 사회나 사람이 사는 곳이라 그런 행동을 하면 미움을 받기 때문이다. 자기 능력 과시를 적절하게 하면서 남에게 잘난척하는 것처럼 보이지 않게 해야 성공을 하는 곳이 바로 미국 사회이다. 물론 쉽다는 얘기를 하는 것은 아니지만, 한국 사회처럼 무조건 겸손하게 있다가는 늘 남의 뒤에 처지게 된다는 것을 말하고 있는 것이다.

내 경우를 예로 들어보겠다. 회사에 들어가 5년쯤 되는 해부터 항공 우주 쪽의(Aerospace) 회사를 다니는 한국분들 모임에 나가기 시작했다. 가서 보니 우리 회사에서 일하시는 분들도 꽤 있었고, 그분들이 하는 얘기를 들을 수 있는 기회가 있었다. 그때 어떤 한 분이 승진을 했다며 기분좋게 자랑을 하면서 자기 이야기를 꺼내셨다. 사실 승진되기 전에 아내가 "당신은 서울대 나왔어, 박사도 받았고, 도대체 뭐가 부족해서 승진이 안돼?"라며 불평을 하더라고 말씀하셨다. 그래서 그분이 상사한테 찾아가 승진을 시켜달라고 요청했더니 바로 쉽게 승진을 시켜 주었다고 했다. 그말을 들으며 나는 '그랬구나, 잘됐다' 하고 생각을 했는데 그분이 승진한 직위을 듣고 깜짝 놀라지 않을 수 없었다. 그분의 나이가 오십 대 초반 정도는 되어 보였는데, 이제 P3가 되었다는 것이다.

보잉의 엔지니어들은 P1 에서 P6, 그리고 그 다음 경영진 계급은 E1에서 시작되는데, 그 당시 내가 삼십 대 초반, 내 지위는 P4였기 때문이다. 조금 의외여서 그분 경험담을 주의깊게 들었는데, 그분이 분석자 일을 시작한지 20여 년 정말 열심히 일을 했는데 승진이 한 번도 되지 못했다고 했다. 서울대를 나오셨으니 당연히 일을 아주 잘 하실 것임에도 불구하고 아무도 승진을 시켜주지 않았다는 것이다.

내 추측으로는 그분이 아무 불평없이 열심히 일만 하시니까, 상사가 '아! 이 사람은 그냥 두어도 괜찮은가 보다' 하고 신경을 쓰지 않았던 것같다. 그러다가 이분이 승진을 요구하니까 승진을 시켜준 건 아닐까? 그 당시 이 생각을 하며 조금 서글픈 생각이 들었던 것 같다.

아무리 무는 개를 먼저 돌아본다고는 하지만 일을 열심히 잘하면 자기가 자기를 내세워 굳이 자랑을 하지 않아도, 안 알아준다고 불평을 하지 않아도, 누군가가 알아주는 한국 직장이 더 나은 것은 아닐까? 그러면서 그 모임에 나오신 한국 분들을 바라보며 이분들 중에 몇 분이나 자기 자리를 제대로 못 찾고 계실까 생각을 해봤었다. 그 계기로 우리 회사에 다니는 1세 한국분들을 눈여겨 보게 되었는데, 많은 분들이 데이타 분석자나 프로그래머로 일하고 계셨다. 팀장이나 경영에 계신 분들을 거의 찾아볼 수 없었다.

내 나름대로 분석해 본 결과 한국에서 대학까지 나와서 미국에 오신 분들은 미국에서 고등학교나 대학을 다닌 분들과 뭔가가 다르다는 생각이 들었다. 첫 번째로 1세 한국분들은 한국분들끼리만 어울린다는 것을 느꼈다. 점심을 먹어도 쉬는 시간에 차를 마셔도 그분들만 모여 있고, 다른 사람들과 일 이야기는 해도 흔이 말하는 잡담내지 농담도 하지 않는다는 점. 그런 면은 특히 남성분들에게 더 강하게 나타나는 성향이다. 두 번째로 일은 열심히 하는데, 자기 일에 대한 의견이나 발표를 잘 안 한다는 점. 아마도 겸손을 중요시하는 한국 특유의 문화 탓인 듯 싶다. 그런데 불행하게도 미국 회사에서는 겸손하기만 해서는 손해를 보기 쉽다는 거다.

'나'를 만드는 건 '나 자신'

아! 이러면 안 되겠구나 하는 생각에 회사에 들어와서도 나는 처음부터 당당하게 부딪쳤다. 엉터리 영어로 떠듬거려도 같은 팀 사람들과 어울리고, 내가 한 일을 열심히 설명하고, 모르는 건 물어보고 내 생각을 주저없이 말했다. 미국에 처음 와서 바보 취급도 많이 당해보고, 창피한 일도 많이 겪었기에, 어지간한 일은 그냥 웃고 지나가게 되고, 다시 시도하다 보니 어느날 상사가 와서 팀장을 맡으라고 했다. 미국 팀장은 한국에서의 팀장과는 개념이 조금 다르다고 볼 수 있다. 내가 그때 맡은 팀의 팀원들 중에는 나보다 나이가 많은 사람들도, 나보다 지위가 높은 사람들도, 그리고 나보다 인공위성에 대한 지식이 훨씬 많은 사람들도 있었다. 원래 팀장은 지위가 가장 높거나 아니면 가장 경험이 많은 사람이 하는 거라고 생각했었기에 처음엔 조금 당황했다. 하지만 조금씩 실수를 반복해가며 요령을 익혔다. 그리고 여러 가지 책도 많이 읽고 다양한 다른 시도도 해 봤다. 결국 사람마다 맞는 스타일이 따로 있겠지만, 나한테는 어느날 읽은 이 글이 마음에 와닿아서 실천을 해 보았더니 성과가 있었다.

"Leadership is simply the ability of an individual to coalesce the efforts of other individuals toward achieving common goals. It boils down to looking after your people and ensuring that, from top to bottom, everyone feels part of the team." – Frederick W. Smith.

요즘 흔히들 말하는 Team Building이라는 것을 말하는데, 결국 회사에 들어와서 같이 일하는 것이 보람되게 느껴지면 전체가 열심히 일하게 된다는 뜻이다. 회사에서 직원끼리 사이좋게 지내는 것은 무척 중요하다. 팀에 싫어하는 사람이 있으면 회사에 나오기가 싫어지기 때문이다. 하지만 회사는 친목단체가 아닌 회사일을 하는 곳으로 어떻게 서로 같이 사이좋게 일할 수 있느냐가 중요한 관건이라고 볼 수 있다. 내가 팀장을 맡고 처음에 시간을 많이 투자한 항목은 공평한 일 분담이었다. 팀원 누구도 다른 사람의 일을 부당하게 떠맡지 않도록 말이다. 두 번째 한 일은 공정한 평가를 하려고 많이 노력했다. 팀원들을 승진시키거나 급여를 올려줄 수 있는 권한이 있는 경영진과는 동떨어진 위치에 있으므로, 다른 식의 보상을 찾아야 했는데 그게 생각보다 그리 힘든 일이 아니라는 것을 알게 되었다.

많은 사람들이 칭찬을 적절히 해주면 그걸로 만족한다는 사실을 발견했다. 물론 팀원들도 내가 더 이상의 보수를 줄 수 없는 지위라는 것을 알고 있어서 더 이상의 요구를 하지 않은 것도 사실이다. 여기서 내가 말하는 칭찬이란, 일을 했건 안 했건 다 싸잡아서 팀원 전체를 같이 칭찬한다는 말이 아니다. 물론 우리 팀이 전 부서에 있는 다른 팀들과 경쟁해서 상을 받으면 의미가 있겠지만, 팀장이 자기 팀원 모두를 칭찬하는 것은 그리 크게 의미가 없다고 생각한다. 왜냐하면 팀원 중에 분명히 잘하는 사람이 있고 거기에 못 미치는 사람이 있기 때문에 같이 뭉쳐서 칭찬을 하는 것은 잘하는 사람이나 그렇지 않은 사람들이나 같이 취급한다는 뜻이기 때문이다. 내가 효과를 본 방법은 팀원 중에 특히 열심히 한 사람이 있다든지, 좋은 결과를 낸 사람이 있을때, 그 사람의 성과를 팀 미팅에서 발표해준다든지, 아니면 그 팀원 상사에게 이메일을 보내주면서 같이 보내준다든지, 아니면 보고서를 작성할때 실적에 그 이름을 넣어준다든지 하면, 그 사람은 다음에도 열심히 한다는 사실을 발견한 것이다.

이때 내가 실수를 반복해가며 배운 일이 있다. 칭찬을 할 때는 진짜 그 일을 한 사람이 누군지 알고 해야 한다는 사실이다. 일은 내가 했는데 만약 다른 사람의 성과로 돌아가 칭찬까지 듣게 되면 그것이 단지 말뿐이라 하더라도, 그 일을 진짜로 한 사람으로 하여금 회의감을 들게 하고, 내가 일을 열심히 해도 어차피 다른 사람의 공으로 돌아가는데 내가 왜 힘들게 일을 해야 하나 라고 생각하며 더 이상 노력을 안하게 되기 때문이다. 미국에는 Going Extra Mile이라는 말이 있다. 자기가 맡은 책임 있는 일보다 팀을 위해서 회사를 위해서 조금 더 노력을 한다는 말이다. 이런 Going Extra Mile을 가는 사람들이 많을수록 팀은 더 잘 돌아간다.

그리고 이것 못지않게 중요하게 생각해서 병행했던 일은 일을 유난히 안 하거나 못하는 사람에게 지적을 해서 알려주는 것이었다. 그러나 이 지적은 여러 사람 앞에서 해선 안되고 개인적으로 만나서 해야 역효과가 나지 않았다. 그냥 조용히 지적만 해줘도 '아, 팀장이 내가 하는 일을 보고 있구나' 알게 되고 적어도 자기 일은 마치고 퇴근하게 되며 그리고 아무리 드러나지 않게 지적해줘도 다른 팀원들도 스스로 알아서 조심하기 마련이다.

그러면서 나도 내가 할 수 있는 한 열심히 일을 했다. 근무시간에 제한을 두지 않고 주어진 업무를 끝내는 걸 당연하다고 생각했고 또 남들보다 일찍 출근하고 늦게 퇴근하면서 귀찮은 일도 같이 하니 근무 시간이 길어진 팀원들도 큰 불평을 표하는 일이 별로 없었다. 그리고 이것은 정말 아무것도 아니지만, 팀 미팅을 할 때마다 도넛이라든지, 베이글이라든지, 케익같은 먹을 것을 꼭 사가지고 갔는데 그것 또한 팀워크를 키우는데 많은 도움이 되었다. 회사에서 일하다 보면 왜인지는 모르지만 간식거리를 많이 찾게 되는 것이 사실이다. 특히 일이 많은 것과 비례해 간식이 반갑기만 하다. 내가 전문가는 아니지만 사람들이 스트레스를 받으면 단 것을 찾게 되는 것과 같은 맥락이 아닐까 싶다. 어쨌든 그렇게 매주 사가지고 가니까 팀 미팅 시간을 팀원들이 손꼽아 기다리게 되고, 서로 농담하며 가볍게 사교로 시작하는 시간이 되었다.

그리고 먹기만 하던 팀원들이 이번에 자기가 가져오겠다고 자원하는 바람에 매주 돌아가면서 새로운 것을 맛보게 되고 다음 간식이 기대되기에 이르렀다. 지겨운 미팅 시간을 간단히 즐거운 시간으로 바꾸는 계기가 되었다는 의미에서 이건 의외의 발견이었다.

이렇게 처음 맡은 팀이 성공을 하게 되자, 그 다음부터는 내게 계속 팀장자리가 주어졌다. 팀이 조금씩 커졌어도, 결국 같은 맥락으로 운영하니까 그리 무리없이 일을 할 수 있었다. 그러면서 또 내가 배운 것이 있다. 우리 팀원이 아닌 다른 팀에 속한 사람들도 내가 부탁한 일을 잘 해주었을때 그 사람의 상사를 찾아서 이 사람이 이렇게 일을 잘 해주었다고 얘기해주거나, 이메일을 보내주거나, 아니면 프로그램 미팅을 할 때 그 사람 이름을 불러주었더니, 내가 다음에 일을 부탁할 때도 그 사람은 다른 팀 일보다 더 빨리 신경써서 해준다는 사실을 말이다. 칭찬은 정말 아무 돈이 드는 것도 아니고 별로 힘든 일도 아닌데, 사람들에게 새로운 동기 부여가 된다는 것을 새삼 느꼈다.

더불어 함께 가는 길

그리고 여기에 더해서 내가 사십 대 초반에 P6까지 올라갈 수 있었던 이유는, 내가 할 수 있는 한 열심히 일을 하기도 했지만, 늘 상사와 만나서 앞일을 의논했기 때문이다. 언제까지 무엇을 얼만큼 하면 다음 승진을 할 수 있는지 몇 년의 계획을 같이 세운 다음 그 계획대로 실천을 하는 것이다. 한 번도 안 해본 새로운 프로젝트도 시도하고, 팀장 자리를 맡아 테스트 프로그램도 추진하고 그러면서 매년 연말이면 상사와의 자리를 만들어 올해 결과는 어땠는지 상사의 계획과 기대만큼 내가 제대로 하고 있는지를 점검하고 바로 잡았다. 그리고 이듬해 더 나은 나로 성장시켜 갈 수 있었다.

이런 나의 노력과 열정을 지켜본 상사는 승진의 수속을 밟아주곤 했다. 이 과정에서 언젠가 리더십 미팅에서 우리 회사 이사로부터 들은 오렌지 값에 관한 이야기도 나에게 많은 도움이 되었다. 회사의 어떤 팀에서 팀장이 은퇴를 하고 나서 다음 팀장을 뽑은 과정에 관한 이야기다. 그 팀에서 가장 오래 일을 하고 그 팀의 모든 일이 어떻게 돌아가고 있는지 아는 제임스는 당연히 자신이 팀장이 될거라고 생각하고 있었는데, 막상 발표가 나고보니 자신보다 훨씬 경험이 없는 마이크가 팀장으로 승진한 것이다. 실망도 하고 화도 나고 해서 상사에게 가서 자신의 불만을 표현했더니, 상사가 길 건너 시장에 가서 오렌지 한 봉지 가격이 얼마인지 알아오라고 시켰다. 제임스는 도대체 오렌지 한 봉지 가격이 얼마인지가 팀장 자리와 무슨 관계가 있는지 황당해 했지만 상사의 지시이기에 시장에 가서 가격을 물어보고 돌아왔다. 그리고 상사에게 "오렌지 한 봉지에 15불입니다" 하고 보고를 했다. 상사는 마이크를 부르더니 같은 지시를 내렸다. 그리고 잠시후에 마이크가 돌아와서 보고를 했다. "오렌지 한 봉지에 15불입니다." 제임스는 그거 봐라 하는 듯 상사를 쳐다 보고 있는데, 마이크는 보고를 계속했다. "하지만 오렌지 열 봉지를 같이 사면 한 봉지당 14불에 살 수 있고, 화요일에 사면 한 봉지당 13불에 살 수 있고, 매주 사기로 계약을 맺으면 한 봉지에 12불까지 살 수 있습니다." 제임스는 더 이상 상사의 결정에 반론하지 못했다.

이 이야기를 마치면서 회사의 이사는 우리에게 이렇게 말씀했다. "우리 회사에 마이크 같은 리더들이 많기를 바랍니다. 마이크처럼 회사에서 시키는 일뿐만이 아니라 더 앞서서 회사에게 필요한 일이 무엇인가를 미리 생각하고 능동적으로 실천하는 리더들이 되어 주실 것을 당부드립니다." 나는 그 교훈을 실천하려고 노력했고, 그런 식으로 하다보니 엔지니어로서 올라갈 수 있는 가장 높은 곳에 오르게 되었다. 그리고 그 다음은 경영진 쪽으로 올라가려고 준비를 하는데 여기서 내 승진가도에 브레이크가 걸렸다.

후회없는 선택

여자들이 직장생활 하는데 걸림돌이 되는 건 어느 나라든지 같지 않을까 싶다. 가정, 육아, 그리고 자녀 교육 문제! 삼십 대에 결혼했고 아들이 둘 있는데, 그 애들을 어머니께 맡겨두고 직장에 매달려 살다 보니까, 어느날 큰 애가 학교에서 C를 받아왔다. 충격을 받아 이것저것 알아보니 큰 아이가 학교 생활을 대충 하고 있는 것을 알게 됐다. 그저 학교에서 지적받지 않게 최소한으로 공부하고 최소한으로 패스만 할 수 있게 숙제나 해가는 그런 식의 학교생활을 말이다. 그런 것이 용납되지 않은 가정에서 자라온 나에겐 머리를 망치로 얻어맞은 기분이었다. 고민을 많이 해 보았지만 다른 방도는 없었다.

그래서 큰 결심을 하고 팀장에서 물러나 한 주 40시간만 일을 하면 되는 자리로 옮기고 집에 일찍 돌아와 큰애의 공부를 봐주기 시작했다. 공부의 습관을 잡아주는데 일 년, 그리고 성적을 올리는데 다시 일 년. 그러다 보니 직장은 뒷전이 될 수 밖에 없었다. 따로 하던 리더십, 프로젝트 메니지먼트 공부도 아예 그만 두어야 했다. 하루란 시간은 정해져 있고 그 시간에 보통 사람이 할 수 있는 일은 한계가 있기 때문이었다. 여기서 짚고 넘어갈 일은 남자들과 여자들의 생각은 기본적으로 다르다는 것이다. 물론 모든 남자들이 그런다는 것도 아니고 모든 여자들이 그런다는 것도 아닌 그냥 내가 느낀 전반적인 개념으로 말하는 것이다. 가정과 직장을 병행하는 것이 어려운 것은 여자들만은 아니다. 남자들도 직장에서 위로 올라가면 올라갈수록 가정에 소홀해지기 마련이다. 그래서 이혼하는 사람들도 많기 때문에 회사에서는 이 어려움에 관한 토의를 자주 하며 해결책을 강구했다. 나도 직장과 가정에 둘 다 충실하기가 어려워서 다른 사람들은 어떻게 하고 있는지 다른 방법은 있는지 듣고 싶어서 몇 번 참석을 했다. 한 번은 우리 회사 임원이 와서 자기 Work Life Blending (요즘은 Work Life Balancing이라는 말보다 Work Life Blending 이라는 말을 쓴다) 이렇게 한다고 자신의 이야기를 한 적이 있었다. 딸만 셋이라는 이분은 자기 딸들이 축구 선수인데, 축구 시즌이 되면 축구 경기 스케줄을 받아서 미리 회사 캘린더에 다 기록을 한다고 한다. 그리고 다른 모든 회사 미팅을 딸의 축구 경기 시간을 피해서 그 외의 시간에 잡는다고 했다. 그러다가 갑자기 다음날까지 해야 되는 급한 일이 생기면 "지금 딸의 축구 시합을 보러 4시까지 가야 하는데 축구시합 끝나고 7시에 돌아와서 밤 늦게까지 일을 다 마치겠습니다." 라고 하며 다음날 상사가 출근하기 전까지 보고서를 제출하겠다고 말을 하면, 안된다고 하는 상사는 없다고 설명을 했다.

그분의 말을 들으며 고개를 끄덕거리는 주위의 남자들을 돌아보다가 그중의 한 여자와 눈이 마주쳤고 우리 둘은 서로 마주보며 쓴 웃음을 지었다. 그 자리에서 묻지는 않았지만, 그러면 축구 경기 끝나고 저녁 7시에 회사를 다시 나오면 애들은 어떡하냐고 묻고 싶었다. 어린 애들을 집에 데려다 두고 "너희들끼리 집에서 저녁 해먹고, 목욕하고 자고 있어, 그럼 엄마 밤새 일하고 아침에 올게" 하고 직장을 다시 나오라는 말이냐고 되묻고 싶었다. 아마 이분 부인은 전업 주부라서 그게 가능한지도 모른다. 이분의 말에서 짐작해 보면 자신의 자녀 양육 의무는 축구 경기를 보는 데서 끝났다고 생각하시는 것 같다. 집에 애들을 데려다 놓으면 저녁식사 챙겨주고 숙제 봐주고 재우는 일은 당연히 부인 일이라 여기시는 게 틀림없었다.

축구 경기는 못봐도 저녁에 아이들과 같이 있어야만 하는 엄마의 처지를 이분은 한 번이라도 생각해 보셨을까? 이런 식으로 남자들과 여자들의 생각이 근본적으로 다르니 회사에서 기혼 여성들의 경영진 진출과 자녀 양육을 병행하기 힘들게 하는 구조적인 문제가 생기기 마련이다. 현재 경영진을 맡고 있는 남성들이 자녀 양육의 가장 기본적의 문제를 이해하지 못하는데 거기에 대한 해결책이 제대로 나올리가 없지 않은가 말이다. 예를 들어 수시로 밤 늦게 일한다든지, 저녁시간에 회의를 한다든지, 계획에 없던 출장을 갑자기 가야 되는 일 등은 경영진들에게는 당연시 되는 일이다.

이런 일은 나이 어린 자녀들이 있는 여성들에게는 너무나 힘든 일인데, 전업 주부인 부인이 있는 남성들에게는 별 큰 문제가 되지 않은 일이기에, 여성들이 자녀 문제로 자주 회의나 출장를 빠지면 경영진으로의 준비가 안 되었다고 평가가 되기 마련이다. 나만 해도 회사에서 급한 일을 하다가도 학교에서 아이가 아프니 데려가라는 전화가 오면 모든 것을 제쳐놓고 달려가야 했던 일이 종종 있었다. 나는 다행이 어머니가 아이들을 봐주셨기에 맡겨놓고 다시 회사에 돌아와 급한 일을 끝낼 수 있었지만, 맡길 사람이 없는 엄마들은 아무리 회사 일이 급하다고 아픈 아이를 혼자 두고 다시 회사로 돌아갈 수는 없는 일 아닌가? 한 두 번이라면 모르지만 몇 번 이런 일이 반복되면 회사에서는 중요한 일은 다시 맡기지 않게 된다. 회사에서 중요한 일을 맡지 못하면 당연히 회사 내 요직은 올라갈 수 없기 마련이다.

그리고 정도가 다를 지는 몰라도 미국이나 한국이나 많은 사람들이 육아 문제나, 자녀 교육 문제는 엄마들만의 책임이라고 여겨지는 모양이다. 아마도 아빠와 엄마가 생각하는 것이 다르기 때문일지도 모르겠다. 언젠가 라디오에서 어느 여성

CEO가 출연해서 자신은 아이들과 시간을 같이 많이 보내주지 못해서 늘 미안하다고 했다. 그런데 같은 위치에 있는 남성 CEO들은 그런 생각을 안 한다고 했다. 예를 들어, 어린 아기를 어린이집이나 놀이방에 데려다 주고 직장을 가면서 엄마들은 아기를 안쓰럽게 여기고 아이에게 미안해 하는 반면 아빠들은 아이를 맡기고 가면서 뿌듯해 한다고 했다. 자기도 육아에 참여를 하고 있으니 자기의 할 일을 다 하고 있다는 듯 말이다. 아마도 이렇게 생각이 다르니 많은 부부들이 서로 다투게 되는게 아닐까?

그건 텍사스 오스틴대학에서 교수를 하고 있는 우리 남편도 마찬가지였다. 운이 좋아 자상한 남편을 만났고 큰소리 한번 내지않고 나에게 많은 걸 양보하는 편인데도 아이들이 어릴 때만큼은 불만이 적지 않았다. 같이 회사를 퇴근하고 집에 들어오면 나는 곧바로 부엌으로 가서 저녁을 준비하고 이것 저것 치우느라 정신없는데 남편은 컴퓨터 앞에 앉아서 신문을 보곤 했다. 그러다 내가 애들 목욕 좀 시켜달라고 부탁하면 씻겨놓고 다시 컴퓨터 앞에 앉곤 했다. 그러다가 애들이 다음날 학교에 가지고 갈 준비물 등 필요한 것 좀 챙겨주라고 하면 챙겨놓고 다시 컴퓨터 앞. 저녁 먹고 나서 내가 설거지 하는 동안에도 다시 컴퓨터 앞. 쓰레기 좀 버려달라고 하면 버려주고 와서 다시 컴퓨터 앞에 앉아서는 과일을 달라던 그런 남편이었다. 이런 일이 매일 반복되었고, 어느 날인가 참다못한 내가 화를 냈다. 집에 와서 컴퓨터에서 신문만 보지 말고 애들 좀 챙기라고, 내가 무슨 초능력자냐고! 그랬더니 남편이 의아해하는 표정으로 나에게 이렇게 물었다. "말하면 다 도와줄 텐데, 왜 화를 내? 여태까지 부인이 부탁하는 거 하나도 빼지 않고 다 해줬는데."

그때 새삼 느꼈다. '아, 이 사람은 가사일이나 육아는 나의 일이라고 생각하는구나. 애들 챙기고 집안일 하는 건 당연히 엄마일인데, 아내가 자기한테 부탁하니까 자기가 힘든 아내를 도와주는 거라고 생각하고 있구나. 그래서 매일 씻겨서 재워

야 하는 아이들도 내가 매일 부탁을 해야만 나를 도와준다는 생각에 해 주는구나.'
나는 가정은 부부가 같이 꾸려나가는 것이고 아이들도 엄마 아빠가 같이 키우는 것이 당연하다 여기고 있었는데 남편은 애들을 챙기고 집안일 하는 것을 자기 일을 하는 것이 아니라 나를 도와주고 있다는 걸로 생각한다는 사실에 큰 충격을 받았다. 물론 지금은 애들 일이라면 두말없이 발 벗고 나서는 둘도 없는 아빠이다.

이런 일들이 나뿐만 아니라 리더가 되려고 하는 많은 기혼 직장 여성들에게 장애가 되고 있지 않을까 생각된다. 아무리 부인이 좋은 직장에서 일을 해도, 일이 아무리 많아도, 많은 남편들은 집에 오면 부인이 집에서 저녁해 놓고 기다리고 있기를 바라고 애들을 잘 키우는 좋은 엄마로 있기를 바라니까, 정말로 초능력자가 아닌 다음에야 지쳐버리는 것이 직장 여성들의 현실이다. 아니 남편이 절대적으로 이해를 해 준다고 해도, 일단 아이들을 키우다 보면 직장 여성이라면 누구나 다 한 번 쯤은 고민하게 되는 일이 자녀교육 문제다. 맞벌이하는 가정에서 자녀 교육 때문에 하나가 직장을 포기해야 한다면 많은 경우가 아빠가 아닌 엄마가 포기하게 되는 것 또한 우리의 현실이기 때문이다. 나부터도 결국 아이들 교육 문제로 직장의 승진을 보류했고, 이 상태로 얼마나 오래 걸려 다시 경영진으로 들어갈 수 있을지도 모르는 상황이다.

그런 면에서 아직도 사회는 여성에게 불공평하다고 볼 수 있다. 회사의 구조적인 진급 문제에서도, 사회의 현실적인 관점에서도 자녀 양육을 병행하는 직장 여성들에게는 어려움이 아주 많다. 그러면 거기에 해결책이 있느냐 하고 묻는 사람들이 있을지도 모르겠다. 불행하게도 모든 직장 여성들의 고민을 시원하게 풀어줄 해결책은 없다. 개인 사정에 맞춰 선택을 하는 것뿐이다.

직장에서 리더가 되기 위해 아이들의 교육은 다른 사람에게 맡기기로 한 여성들도 있고, 직장을 포기하고 가정에 충실하기로 결정한 여성들도 있고, 직장을 다니면서 집에 일찍 돌아와 가사와 직장 일을 병행하는 여성들도 있다. 어느 결정이 옳고 어느 결정이 그르다고 말할 수 있는 사람은 아무도 없다. 한 사람의 선택이 아주 현명해 보이더라도 그 선택이 다른 사람들에게도 옳은 선택이라고 할 수 없다는 것이다. 그저 자기 자신과 자기 가족을 위해서 최고라고 생각되는 결정을 하고 그대로 후회없이 실천해 가면 그것이 최상의 결정이 되는 것이라고 생각한다.

이쯤에서 대학원 다닐 때의 얘기를 잠깐 해야겠다. 여성 권리 신장론에 관한 설명회에서 여성들의 사회 진출과 공헌의 중요성을 설명하는 과정에서 어떤 여학생이 자기는 여성 권리 신장을 위한 운동이 잘못 되었다고 생각한다며 반론을 제기했다. 자신의 어머니는 가정주부로서 가정을 지키고 아이들을 훌륭하게 키웠고, 자기도 앞으로 결혼하면 그렇게 할 것이다. 그런데 왜 여자가 사회 진출을 해야만 가치가 있다고 말하는지 이해가 가지 않으며 집에서 가정을 지키는 것은 아주 훌륭한 일이라고 주장했다. 그러자 다른 여학생이 다시 반론을 제기했다. 집에서 애들이나 키울 거면서 대학은 왜 왔느냐며 그건 사회에 공헌할 수 있는 다른 사람이 써야 되는 자원을 낭비하고 있는 것이라고 주장했다.

양쪽의 열띤 토론을 지켜보면서 나는 이런 생각을 했었다. '여성 권리 신장을 위한 운동의 의도는 여성들이 사회 진출을 하고 직장을 갖고 사회의 리더가 되어야만 하는 것이 아닌 여성들에게 선택과 기회의 평등권을 주기 위한 것 아닌가!' 가정에 충실하게 살고 싶은 여성들은 그렇게 할 수 있도록 하고, 가정보다는 사회활동을 하면서 자기 자신을 펼쳐보고 싶은 여성들에게는 그럴 기회를 남성들과 평등하게 부여하자는 것이 여성 권리 신장을 주장하는 이들의 원래 의도인 것이다. 이건 여성들에게만 국한된 일이 아니다. 결국 누구나 자신의 꿈을, 자신의 선택을, 자신의 능력이 되는 데까지 실현할 수 있는 사회가 우리 인류가 추구하는 최고의 사회라 할 수 있다고 생각한다.

오랫동안 준비해 왔던 경영진으로 올라가는 걸 포기하고 아이들의 교육에 신경을 쓰기로 결정한 일을 후회하는 것은 아니지만 그래도 아쉬울 때가 없는 것은 아니다. 특히 나보다 뒤에 있던 사람들이 이제 나보다 앞서 나가는 것을 지켜봐야 할 때는 나도 그대로 했더라면 하는 아쉬운 마음이 생긴다. 하지만 집에 돌아와서 환히 밝아지는 아이들의 얼굴을 보면서 내 선택이 옳았음을 다시금 확인하곤 한다. 여러가지 고민을 하는 많은 직업 여성들에게 내가 해줄 수 있는 조언은 누구에게나 옳은 선택은 없다는 것이다. 어떤 선택을 했다고 해도 후회되고 아쉬운 순간들은 있게 마련이다. 다른 사람 눈치보지 말고, 사회의 이목 같은 거 생각하지 말고, 그냥 솔직히 자기 마음 가는 대로 선택을 하고 그 길에 충실하는 것이 가장 옳은 길이라고 생각한다. 직장과 가정을 둘 다 지켜야 하는, 그래서 늘 피곤하고 힘들어 하는 직장 여성들에게 모든 힘든 일을 잊어버릴 만큼 좋은 일들이 많이 생기기를 바래본다.

"Spirit of Engineering Excellent Award" 수상 in 2008
(This award is designed to recognize those who execute first Pass Engineering Success)

세상을 바꾸는 여성 엔지니어10

꿈꿀 수 있다면 도전하라

초판 1쇄 인쇄 2015년 12월 21일
초판 1쇄 발행 2016년 1월 1일

지은이 이주나 조민수 남민지 이화순 박송자 박신영
강미아 박태희 김영숙 박영미 김인정 Jane Oh
원유봉 Grace E.Park 고국화 전미현 조소라

펴낸이 김혜라
펴낸곳 상상미디어
주 소 서울 중구 퇴계로30길 15-8 5층
등 록 1998년 9월 2일
전 화 02-313-6571~2 | 02-6212-5134
팩 스 02-313-6570
홈페이지 www.상상미디어.com

ISBN 978-89-88738-76-4
값 16,000원

「이 도서의 국립중앙도서관 출판예정도서목록(CIP)은 서지정보유통지원시스템 홈페이지(http://seoji.nl.go.kr)와
국가자료공동목록시스템(http://www.nl.go.kr/kolisnet)에서 이용하실 수 있습니다.
(CIP제어번호: CIP2015032565)」